流量為王
迎接TikTok時代

蕭聰傑、周琦森 著

百萬播主實戰上線，TikTok經營操作大公開

5G超速新電商，超導流教戰攻略
全球短視頻龍頭，掌握商機成就不凡之路

商機無限．搶攻推薦

吳博文系主任 中國科技大學視覺傳達設計系
盧俐靜創辦人 凱斯整合行銷股份公司
蘇仲華董事長 小叮噹科學股份有限公司
羅淑真創辦人 張飛創意行銷有限公司
（依姓名筆劃排序）

Part 2

Why TikTok?
全球短視頻龍頭，替自己成就不凡之路

《紐約時報》曾將此 App 評為「可能是現存唯一真正令人愉悅的社交網路……，成功催生了大批影響力人物，這些用戶擁有數百萬粉絲，在青少年中有著家喻戶曉的地位」，其國際市場影響力已超越騰訊。

TikTok 因 COVID-19 疫情，在全世界居家令下，成為當時（2020 上半年）全球手機應用程式下載量第一名。

目錄

Part 3 Step by Step：超導流教戰攻略

企業可以選擇自己如何擴張品牌影響力，更深的層面則是累積品牌流量，搶攻 TikTok 經營先機，可在平台更為成熟時獲得商業利基。

Part 4 數據思維：熱搜無權限，成功無上限

數據時代下，經營頻道都應講究「成效」，所有視頻都應能獲取數據資料，但能夠正確「解讀」數據的人少之又少，甚至連「累積數據」都是錯誤的方式。

Part 5 TikTok 大時代：人人都可以是流量達人

「流行文化不再是由廣播或電視主導，或少數明星稱霸，而是上千 YouTube、Instagram、TikTok 的網紅（Influencer）及千萬名忠實的追蹤者來決定，」DigiTour Media 共同創辦人暨 CEO 羅哈斯（Meridith Rojas）寫道。
能夠創作好內容的「達人」，就是 TikTok 用來開拓市場的祕密武器。TikTok 不只創造，也積極經營這群「達人」，成為自有品牌、社群，甚至是開創商機的「微網紅」（Micro-influencers）。

結語 共襄盛舉，在 TikTok 的浪尖上再創事業高峰

前言

TikTok 刷網潮，你跟上了嗎？

透過 Facebook 行銷操作或廣告投放，你有賺到錢嗎？ Facebook 是當前線上廣告的主流之一，但不管是企業戶或個人戶，對它可真是又愛又恨。

場景回到現在，今日主流媒體風頭已經被 TikTok 蓋過了，而且預測會比 Facebook 更為強大，搭配 5G 的普及，TikTok+（Plus）將會是未來10年稱霸的主流自媒體，而且現在跨入還不需要投入巨額廣告費！

短視頻崛起，制霸新世代

正當 TikTok 如火如荼地發展時，2018 年 Facebook 推出 LASSO 短視頻，總下載量只有 30 萬人次，於 2020 年 7 月 10 日宣佈收攤；Instagram（母公司是 Facebook）也在 2020 年 8 月推出 Reels 短視頻，目前看來是有待努力，TikTok 在自媒體的地位，迄今可說難以撼動。

短視頻有著年輕化、去中心化的特點，每個人都可以成為主角，很符合當下年輕人個性化，強調展現自我的特點，這也是它擁有非常高的用戶黏性主因之一，一旦觀看 TikTok 就很容易沉浸其中。

因為 TikTok 的大數據運算規則的獨特性，完全不同於其他平台的規則，只要你願意創作付出，又掌握它的關鍵要素，就可以很容易成為 TikTok 達人。這也是 TikTok 在短短 4 年左右就達到全世界「月活躍用戶」（Monthly Active Users, MAUs）第七名，其中前六名都超過 10 年的歷史。

關於月活躍用戶（MAUs）即「月活」，可用來衡量在線遊戲、社交網路應用程式活躍度的標準，也用以判斷上述服務是否成功。

根據今日頭條的〈短視頻創作者運營之商業變現報告〉指出，有 47.9%的短視頻團隊不能盈利，21.58%勉強達到收支平衡，只有 30.25%能達到盈餘。然而，想要搭上順風車，其實只要用對方法，不需要花錢參與某些華麗的培訓場。

若是一時腦熱花了錢也沒關係，只是怕花了錢卻還在大門前徘徊，一個未來 10 年閃閃發亮的趨勢，卻找不到登堂入室的方法，浪費的不只是錢，還消磨掉你的努力與熱情，更糟糕的是，此時再遇到對的人要來開導你，你可能已經不再相信這個平台了，這才是最悲慘的結果。

TikTok 變現術，「錢」景可期

用一個簡單的譬喻，就好比在臺中搭車往臺北，卻搭錯車（用了錯誤的方法）而前往高雄，其實只要下車再換車（用對的方法），一樣可以達到目的地。然而，怕的是不知道搭錯車，還一路浪費冗長的時間、人力、物力……。

為了讓有志創作短視頻的朋友一窺究竟，策劃這本實戰書籍，主要提供給：

一、缺乏資源，卻想快速成名的個人創作者。

二、不想花大錢又想擁有自媒體的中小企業主。

期許讓這些人不再走冤枉路，快速擁有成功者的實戰及成功經驗。

換個說法，如果給你 100 萬，讓你穿越回到 2000 年，你有沒有辦法在 2021 年的現在賺到 5000 萬呢？

我曾在公眾場合這樣詢問學員，有超過一半的人回答：「可以！」若是賺到一億呢？大約還有三分之一的人回答:「可以做到！」我接著問，若是一毛錢都不給你，

一樣的場景，你有辦法在 2021 年的現在賺到一億嗎？原來那三分之一的人斬釘截鐵地回答：「一樣可以！」

是的，成功與否，從來都不是錢的問題，而是眼界和趨勢。

本書提供的趨勢，讓你可以掌握資源，押對方向，並且達到巔峰。此書也獻給對現況不滿意、對產業憂心、對自己的未來茫然的人，TikTok 可以做到很多你想像不到的事，在未來 10 年都會逐一實現。高粉絲數的大神很多，但不代表會教學；會教學的人，也不一定有實際操作的能力。唯有擁有實際操作成績，而且懂教學的人，才能真正帶領你掌握這個趨勢，領先別人一步。

TikTok 在臺灣已經 3 年多，有不少具有創作能力的人進來後，發現無法立刻變現而離開，領先二步，成為先烈；領先一步，是為先驅；領先半步，才能真正掌握 TikTok 的紅利期，更何況紅利期才剛要開始。

這段時間，經過疫情及挺過美國前總統川普對 TikTok 的打壓，在 2021 年的現在，TikTok 會加快腳步地前進。中國大陸抖音走過的彎路，在 TikTok 會直接繞過去，請好好研讀此書，在未來的 5 到 10 年內，將是 TikTok 的爆發成長期。TikTok 變現「錢」景可期，你，還不趕快跟上嗎？

流量為王！

Part

1

迎接 5G 時代，短視頻思維當道

流量獲取與顧客維繫的目的大多都是為了獲利，但在流量之前，必須要有一個網路基地。

一般說「流量為王」，意即有大量且好的流量，在經營上將會更省事，其實每個流量背後都是一個真實的人——不只是冷冰冰的數據，而是具有感情及溫度，所以顧好每個流量，或許會有意想不到的收穫。

01 短視頻思維，跟上 5G 趨勢

短視頻最早源於 2014 年 Instagram、Vine、Snapchat，在國外短視頻長度一般控制在 30 秒以內（中國大陸將 3 分鐘以內的視頻，也歸類為短視頻），方便大眾使用智慧型手機即拍即傳，快速串接社群媒體平台，因此成為年輕人表現自己的首選 App。

嗅覺敏感的商業廣告行銷商、大品牌產品，都嗅到這樣的熱趨勢，2015 年包括 Intel、HP、可口可樂等，開始和有「聚粉」力的素人合作，拍攝多支有趣的短視頻，形塑網紅的口碑力量，也蔚為一股無法擋的風潮。

聚粉熱潮：短視頻的特點

影片已經超越傳統娛樂媒體的角色，成為主流傳播，也成為現代年輕人的重要表達媒介。5G 時代從某種意義上說，就是影片「大行其道」的時代。

5G世代短視頻5大特性

① **時間短**，用「秒」來計算，追求高效率。

② **快節奏**，讓觀看者用有限的時間，獲得大量資訊。

③ **社交屬性強**，按讚、評論等互動功能產生社交連結。

④ **製作門檻低**，一支手機完成拍攝、剪輯、上傳等。

⑤ **營銷效應**，品牌廠商借勢打造形象、行銷策略。

表 1-1 短視頻的定義

短視頻之所以能快速地攻佔市場，主要有以下特點：

時間短

既然時間短，就用最小的單位「秒」來計算；那些火紅的視頻大約介於 12 秒至 20 秒；你能掌握 2 秒內抓住人們的眼球，而且在觀看者要失去耐性前，看完整支影片，你就贏了頭一步。

快節奏

現代人喜歡利用有限的時間，獲得大量的有趣資訊；大多數人比較不願意為了一支影片花上 10 分鐘的觀看時間，卻會不知不覺花 30 分鐘在 30 秒的影片上。

社交屬性強

短視頻是社交的延續；App 裡的按讚、評論、分享、關注等互動功能，可以和短視頻創作者交流，感覺在網路裡直接連接彼此。

製作門檻低

自媒體興起，短視頻符合一支手機可以完成拍攝、製作、即拍即傳、隨時分享的功能，不用花費龐大的硬體設備，就可製作影片，這在 10 年前是天方夜譚。

營銷效應

平台成熟後，有更多更創新的獲利模式，提供給內容創作者；更多的廣告廠商會和短視頻平台合作來推銷產品，或藉此傳播品牌影響力。

影片爲王：5G 新戰場

4G 網路的商用普及，讓網際網路從圖文時代蛻變成影音時代；而 5G 網路的出現又意味著什麼呢？意味著將會出現更多優質的高清影音內容，並且豐富用戶的精神世界！

從 4G 時代開始，人們習慣轉發貼文或影片，作為與親友間互動交流的方式。5G 時代到來，為短視頻發展提供了一個更為寬廣和富有想像力的空間，頭五代行動通訊技術的大頻寬、大連結、低延遲、高可靠的特性，讓各行各業都可能搭上 5G 浪潮，短視頻趁風潮之利，稱霸國際舞台。

未來短視頻平台即將全面升級，網紅經濟、直播電商是當下熱門營銷途徑；短視頻，將是 5G 時代網際網路內容的主要載體之一。

秒速力量：有形的流量價值

大家都認為網際網路賺錢的公式是：流量＝金錢；簡單來說，只要有了流量，變現（賺錢）就不是一個大問題。抖音已經成為有著超級大流量的聚寶盆，只要你懂得拍攝短視頻的一些小技巧，就可以吸引到龐大的流量。當我們有了流量，還怕成不了氣候？

抖音的國際版—— TikTok 已經在短短 4 年成為了繼 Facebook、WhatsApp、YouTube、Messenger、WeChat、Instagram 之後的第七大流量平台，想要掌握 5G 時代的營運模式，你就離不開媒介和流量平台、離不開短視頻，TikTok 全球獲利模式還未全面開放，就已經是全球第七，那麼對於素人自媒體而言，現在抓緊時間上車 TikTok，就是一個搶佔未來營銷管道風口的最好時間。

這裡再做一個延伸：「未來，每個人都能出名 15 分鐘。」著名普普藝術領袖安迪・沃荷（Andy Warhol）的話語曾經被人們反覆引用。安迪・沃荷於 1987 年去世，雖然他還沒有看到網際網路時代的到來，但是他對媒介力量的認知和預見，依然為世人所驚嘆。

現在，換我們用短視頻，掌握出名的 15 秒！

02 稱霸「影」林：不可不知百大企業都受用的自媒體行銷術

自媒體是指私人化、平民化、普泛化、自主化的傳播者，以現代化、電子化的手段，向不特定的大多數人或者特定的單個人傳遞規範性及非規範性資訊的新媒體的總稱，也叫「個人媒體」，包括 BBS（電子佈告欄系統）、Blog（部落格）、Podcast、社群網路、GroupMessage（手機群發）等。

2015 年以來，自媒體和網紅（Influencer）就如雨後春筍般出現在網路世界，不限年紀、不限種族，推波助瀾個人網紅趨勢；只要擁有網路與裝置，就能夠經營自己的個人品牌。

經營自媒體，打造影響力行銷

究竟什麼是自媒體？簡單來說就是當自己的老闆。

自媒體的 4 大特徵

一、去中心化

自媒體的傳播主體來自於社會範圍內的各個階層、各個行業，每個人都可以創造原創的內容或表達自己的觀點，而不再是旁觀者。

二、病毒性散播

自媒體的訊息傳播不受時空限制，傳播之迅速、高效遠非傳統媒體所能及，又因內容的差異化，符合受眾品味的個性化內容在朋友圈內像病毒般不斷轉發。

三、互動性強

自媒體與受眾的距離為零。任何受眾均可對自媒體推送的內容表達自己的觀點，或參與自媒體發起的各種形式的活動。

四、內容人格性

自媒體內容多基於創建者的個性、喜好、背景等來編輯，非常鮮明地突出了人格特點，很大程度滿足了不同受眾的口味。

表 1-2 自媒體的 4 大特徵

透過網路的媒體管道，例如粉絲專頁、YouTube 頻道、部落格等，成為自創內容的媒體管道。10 年前，沒有所謂的「個人品牌」或是「自媒體」的概念，10 年之後的現在，它是一種全新的職業與生活型態，而自媒體之所以盛行，就要歸功於網路科技的發展。

媒體的時代正在進行中，你的企業品牌是什麼？或者你的個人品牌是什麼？現今，每個人都是某一領域的專家，這些專業能力除了應用在職場中，也會是後輩或是其他人想要學習的內容。因此，越來越多人會透過撰寫文章、經營社群媒體、經營 YouTube 等方式，在網路上分享自身領域的專業知識，透過網路散發自身影響力，建立屬於自己的「自媒體」。

透過自媒體經營個人品牌，有些人可以成功建立自己的專業形象，從而找到更多商業機會或職涯貴人，甚至有專業的自媒體經營者透過系統化的知識教學，在「數位學習」趨勢正興盛的現在成功變現！

大部分的人使用社群媒體，多半是以個人娛樂、交友為目的，但是也有另一部分的人，是以經營自己當作人生的事業，打造品牌成為自媒體，甚至成為具有領導力的影響者，提升為「影響力行銷」。「每個人都有獨一無二的價值，都有發光的機會」這就是個人品牌的宗旨與魅力。

名次	品牌名	價值（USD/Mil.）	名次	品牌名	價值（USD/Mil.）
#1	Amazon	$415,855	#6	阿里巴巴	$152,525
#2	Apple	$352,206	#7	騰訊	$150,978
#3	Microsoft	$326,544	#8	Facebook	$147,190
#4	Google	$323,601	#9	McDonald's	$129,321
#5	VISA	$186,809	#10	MasterCard	$108,129

表 1-3 2020 年全球品牌價值排名

（摘自 https://wiki.mbalib.com/zh-tw/，2020 年 BRANDZ 全球最具價值品牌百強排行榜，2021.03 查閱）

名次	品牌名	價值（USD/Mil.）	名次	品牌名	價值（USD/Mil.）
#1	TikTok	$16,878	#6	GUCCI	$27,238
#2	CocaCola	$71,707	#7	SKOL	$6,819
#3	ESTEE LAUDER	$7,048	#8	Corona	$7,853
#4	Modelo	$3,326	#9	BRAHMA	$3,733
#5	Pampers	$18,502	#10	CHANEL	$3,847

表 1-4 2020 年全球品牌貢獻排名

（摘自 http://www.tns-global.com.tw/News_detail.php?nid=76，2021.03 查閱）

名次	主播	年收入（USD）	名次	主播	年收入（USD）
#1	Ryan	$2,900 萬	#6	Preston	$1,900 萬
#2	Mr. Beast	$2,400 萬	#7	Nastya	$1,850 萬
#3	Dude Perfect	$2,300 萬	#8	Blippi	$1,700 萬
#4	Rhett and Link	$2,000 萬	#9	David Dobrik	$1,550 萬
#5	Markiplier	$1,950 萬	#10	Jeffree Star	$1,500 萬

表 1-5 2020 年世界 YouTuber 收入前 10 名

（摘自 https://affnotes.com/top-youtuber-earnings/，2021.03 查閱）

我們無法跟這些大神相比，但我們可以藉此觀察到一件事：每一個新型態的平台創新一個新的商業模式，就會創造一個新的獲利模式，誕生出一批新的大神。

03

人氣網紅自己當：自媒體時代，人人皆網紅

自媒體時代，你也可以成為人氣網紅！因為 YouTube、Facebook、Instagram 等眾多的社群平台，直播、影音製作、粉絲互動等等的自媒體經營能力成為王道，也捧紅谷阿莫、TGOP 這群人、蔡阿嘎、聖結石 Saint 等網紅，在自媒體的時代，只要掌握價值、話題、共鳴等關鍵，每個人都能打造超人氣自媒體、晉升為網紅一族，享受名利雙收的豐碩成果！

上班族變直播主，百萬訂閱擁戴

阿滴於 3 年前在 YouTube 上創設了英語教學頻道「阿滴英文」，之後與滴妹共同努力經營，在 2019 年擁有兩百萬訂閱網友，成為臺灣第六個突破百萬訂閱的頻道。阿滴曾經說到，不要做別人已經做過的內容，風格必須要強烈，才能在眾多競爭中勝出，更要做喜歡的事，與現實生活中的自己相符，才可能長久。

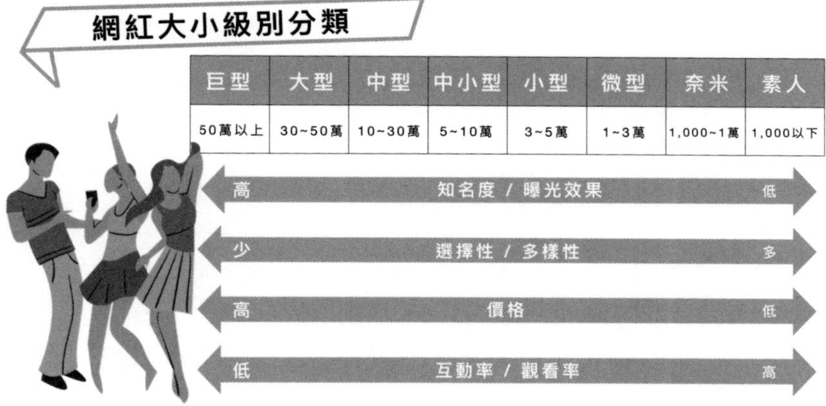

巨型	大型	中型	中小型	小型	微型	奈米	素人
50萬以上	30~50萬	10~30萬	5~10萬	3~5萬	1~3萬	1,000~1萬	1,000以下

表 1-6 網紅大小級別分類

（摘自 KOL Radar 平台文章〈高校網紅行銷大解密！ 30Q&A 精準解析 KOL 行銷策略〉）

阿滴在「阿滴英文」上傳第一支自拍影片時，還是一個平凡的上班族，只是希望打破科目與分數的框架、落實走入生活的英文教育。於是他利用週末，融會自己在網路行銷、英文教育、媒體領域的經驗與才能，陸續製作了輕鬆分享主題的影片， 經營了一年後，頻道已經有 5 萬名訂閱者；滴妹近年開設的手搖飲品牌「再睡 5 分鐘」，開幕後引爆話題，成了年輕人競相朝聖的排隊名店。

白衣天使變網紅，藉網紅之力再創副業

千千曾擔任臺大醫院研究護理師，現為臺灣一位以大食量著名的 YouTuber。千千剛開始只是在臉書上以「吃播」的形式直播，因為想要把這些影片留存下來，才開設了 YouTube 頻道以便「存檔」，沒想到這些影片竟越來越受歡迎，觀看人數也節節上升，是目前臺灣訂閱數最高的女性個人 YouTuber 之一。

千千從一名美食 YouTuber，開始跨入食品業，成為一名創業家。2018 年底自創品牌「水哦」，第一款產品主打黑麻油口味的拌麵，產品上線隨即攻佔各個通路，民眾對於這款產品的接受度都頗高，成為另一個網紅經濟的最好見證。

網紅不是不可能，有了方法能夠事半功倍

網紅是一個翻轉產業，而且是任何人都能對世界發揮影響力的絕佳契機！現在粉絲的眼球已經從電視轉移到手機，網紅現象已經成為顯學。但是想要當走得長遠的網紅，不能單純只是告訴大家如何吃喝玩樂，而是要注意：在遊戲規則上，不要只是埋頭製作，必須站在平台的角度，思考它們要什麼，唯有經營方法與內容符合平台的方向，才有被推播、增加曝光的機會。

此外，更要從一開始的小眾經營，漸漸累積、拓展觀眾影響力，阿滴就是隨著頻道的成長，開始演講、建立團隊，把事情做得更好，讓現有的觀眾越來越滿意，造就今日的成功。他也提醒：「不論在經營的哪一個階段，都要努力透過內容、經由媒介平台，觸及到你關心的一群人、你的社群，慢慢推廣到更大的群眾！」

Why TikTok?

Part 2

全球短視頻龍頭，替自己成就不凡之路

《紐約時報》曾將此 App 評為「可能是現存唯一真正令人愉悅的社交網路……，成功催生了大批影響力人物，這些用戶擁有數百萬粉絲，在青少年中有著家喻戶曉的地位」，其國際市場影響力已超越騰訊。

TikTok 因 COVID-19 疫情，在全世界的居家令下，成為當時（2020 上半年）全球手機應用程式下載量第一名。

01

開始前，
先問自己3個問題

Q1、你是從什麼時候建立 Facebook 帳號的呢？

Q2、仔細思考看看：是否曾因 Facebook 而真正受惠呢？

Q3、若是穿越到十幾年前 Facebook 剛開始發展的時候，你會做什麼改變呢？以及有多少把握能因為 Facebook 讓你翻身呢？

我在之前的演講，都會先問在座的參與者以上 3 個問題：

第一個問題：誰的 Facebook 使用最久？目前冠軍是 2009 年 3 月；

第二個問題：有人因為 Facebook 而真正受惠嗎？真正受惠的不到 10%，而且沒有人真的因為 Facebook 而讓自己真正翻身；

第三個問題：若是穿越到十幾年前 Facebook 剛開始

發展的時候，可以做什麼改變，以及有多少把握能利用 Facebook 讓自己翻身？

幾乎所有人都會做出某些修正，並且有一定的把握度能夠讓自己走出困境。所以不是投入時間的問題，而是「趨勢」的掌握度。若是能夠確認趨勢，就能好好地掌握這個十年一遇的絕佳機會！

TikTok 速食影片——席捲全球社群用戶

正在閱讀此書的你，正是一個幸運兒，我將帶你瞭解 TikTok 未來的商機，並且在紅利期還沒開始的現在，如何低成本（甚至於無成本）切入，成為未來 10 年的領頭羊。

TikTok開創全球新局面
RU
UK
FR
CN
JP
US
TR
IN
ID
BR
AU
150
國家/地區
75
語言/方言
註：TikTok在全球社會化媒體領域，迅猛增長。在2017年和2018年，TikTok在全球的下載量飛速上漲，接連超越YouTube、Twitter等社會化媒體平台，成為全球下載量第二的應用程式。

表 2-1 TikTok 遍佈全球

（參考 https://read01.com，2021.03 查閱）

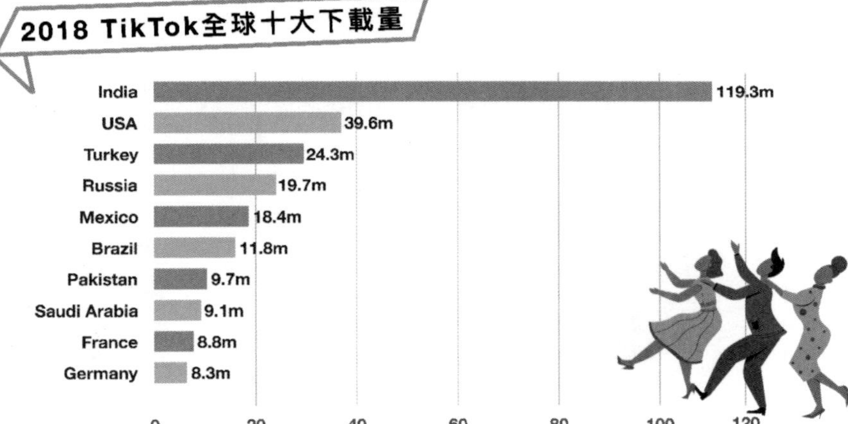

表 2-2 TikTok 全球前十大下載量

（參考 https://www.hk01.com，2021.03 查閱）

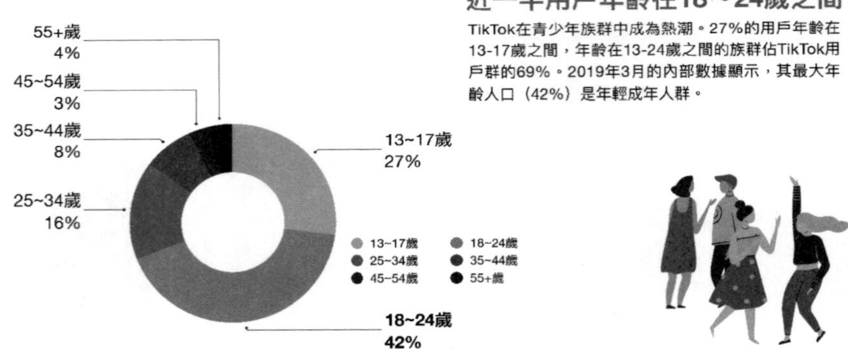

表 2-3 2019 年 TikTok 用戶年齡層分佈

（參考 https://blog.hootsuite.com，2021.03 查閱）

異軍突起，優於各大社群

TikTok 是綜合各種媒體社群的特性，並成為大數據的社群媒體的霸主：

一、與 YouTube 的相同之處，TikTok 也是純影片的模式。

二、與 Facebook 及 Twitter 的相同之處，TikTok 的影片主要是以瀏覽一系列簡短、易消化的資訊。

三、與 Netflix 的相同之處，曝光內容的模式，是透過推薦演算法，而不是來自朋友清單或粉絲網路。

四、與 Snapchat 及 Instagram 的相同之處，都是偏向熟練使用手機的年輕使用者。

TikTok，一個針對年輕使用者的社群媒體平台，也是 2019 年全球下載量第二大的軟體；這個偏重於手機程式的軟體，讓用戶拍攝跳舞、玩樂或說話的片段，再利用不同的特效來編輯影片，已經席捲全球。

02

TikTok 不凡之處，成就個人不凡之路

TikTok 確實改變了發佈影片的成本與收益。

從成本方面來看，因為 TikTok 正是為智慧型手機設計而來，對某些人而言，使用起來更為方便。

TikTok 也鼓勵人們以直立的方式錄製影片，這是智慧型手機的特性，因此讓使用者可以隨時隨地創作出 TikTok 影片。一個普遍規律是，當你使用某種科技的時間越長，對這個科技就會越加熟練。

從收益方面來看，推薦演算法的重要性是：「它能確保每個人都能有一些觀看流量，即便是他們的第一則 TikTok 影片。」在 Twitter 上，在收穫任何讚數之前，用戶可能已經發佈過一些推文了，這是因為人們所看到的內容，來自於本身關注的事物。而 TikTok 的「推薦頁面」除了有熱門的 TikTok 影片，也有關注度較小的影片，如此一來，它讓新創作者得到更多曝光機會。

不同於其他社群平台的演算法，TikTok 流量來自於觀看者對影片的反應程度，根據完播率、按讚率、評論率、轉發率四大指標給予流量，所以就算沒有任何關注者，你的影片也能火爆。

整體上，TikTok 給予年輕人一個更大、更多元的網路空間，讓他們在這裡可以得到一定的關注度。

最強獨角獸：字節跳動

根據 CB INSIGHTS 的數據顯示，全球目前共有 500 隻未上市，且估值超過 10 億美元的獨角獸。字節跳動（ByteDance）的估值為 1,400 億美元，是榜單上唯一估值超過千億美元的百角獸（hectocorn）。

名次	企業	估值（USD）	名次	企業	估值（USD）
#1	字節跳動	$1,400 億	#6	快手	$180 億
#2	滴滴出行	$620 億	#7	Instacart	$177 億
#3	SpaceX	$460 億	#8	Epic Games	$173 億
#4	Stripe	$360 億	#9	DoorDash	$160 億
#5	Airbnb	$180 億	#10	One97 Communications	$160 億

表 2-3 2020 年全球前十大獨角獸

（參考 https://www.bnext.com.tw，2021.03 查閱）

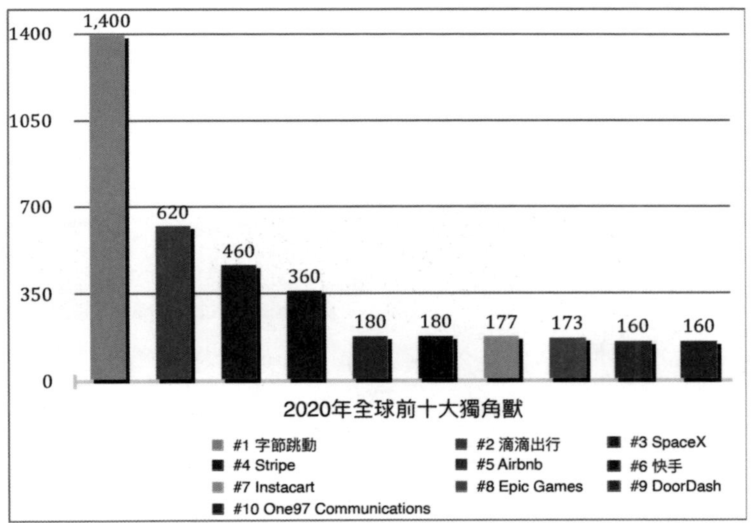

表 2-4 2020 年全球前十大獨角獸

（參考 https://www.bnext.com.tw，2021.03 查閱）

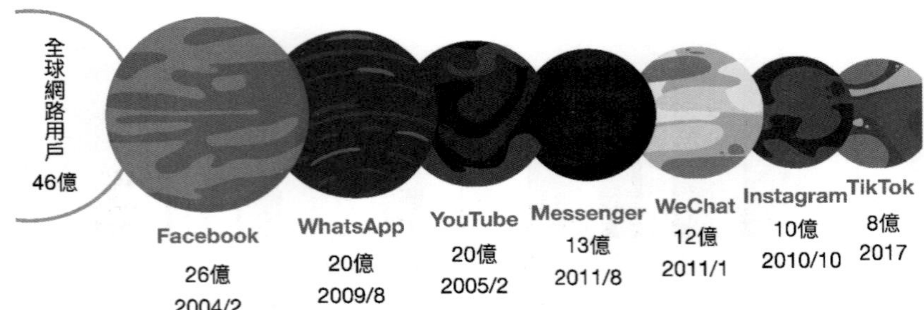

表 2-5 2020 年每月活躍用戶／平台起始年份

（參考 https://www.visualcapitalist.com，2021.03 查閱）

App Store 收入	Google Play 收入
YouTube	Google One
TikTok	Piccoma
Tinder	BIGO LIVE
Tencent Video	Tinder
iQIYI	LINE
Netflix	LINE Manga
Piccoma	Disney+
Disney+	Twitch
LINE Manga	Pandora
Youku	Facebook

App 總收入
TikTok
YouTube
Tinder
Tencent Video
Piccoma
iQIYI
Disney+
LINE Manga
Netflix
BIGI LIVE

說明 1

TikTok / 抖音8月收入超過8,810萬美元，是去年同期6.3倍，收入約85%來自抖音，美國和土耳其市場分別貢獻 7.8% 和 1.4%。

說明 2

YouTube的8月收入超過8,390萬美元，較去年同期增長54.8%，美國用戶貢獻55%收入，其次為13%的日本市場。

表 2-6 2020 年 TikTok 穩坐全球收入最高 App 之首

（參考 https://finance.technews.tw，2021.03 查閱）

七大獲利模式，穩坐趨勢冠軍

以臺灣目前的平台來說，社交平台大致分類為以下五種：

純售貨平台	社交平台	直播	通訊	影音
蝦皮、PChome	Facebook、Instagram、Twitter	17、UP	WeChat、LINE	YouTube、TikTok

以上平台，都已經開始橫向、縱向開展新的業務，平台之間也越來越不容易分類，例如蝦皮、Facebook、LINE 等等已可以直播，微信、LINE 也都早已跨入銷售業務……。

YouTube 是很成功的影音平台，「影片長度」及「運算機制」讓有意創作 YouTube 頻道的難度大增；中國大陸的抖音以及國際版 TikTok 已經有超越 YouTube 的趨勢，抖音同時將所有的獲利模式全部納入，而且在中國大陸被證實十分成功。

以下彙整七大抖音（TikTok 中國大陸版）獲利模式，如何打造出趨近完美平台：

抖音七大獲利模式

一、直播帶貨

2019年，中國直播帶貨的銷售額達到近610億美元，而這一數字在2020年預計將翻一倍以上。

二、直播打賞

主播們或通過幽默的聊天方式，或通過優美的歌聲等一技之長，吸引前來觀看直播的粉絲進行打賞。

三、流量變現

利潤=流量X轉化率X客單價

四、商品櫥窗

於頻道主頁，粉絲可以直接透過商品櫥窗交易。

五、代言

抖音達人接廣告或為品牌定製內容，藉由軟性方式巧妙的方式進行品牌合作行銷。

六、巨量星圖

抖音星圖=官方廣告，對接廣告主與視頻主。

七、應用網站連結

觀看者點入頻道主頁時，可以間接曝光個人網站。

表 2-7 抖音七大獲利模式

一、直播帶貨：行業分析機構艾媒諮詢的數據顯示，2019 年，中國直播帶貨的銷售額達到近 610 億美元，而這一數字在 2020 年預計將翻一倍以上。

二、直播打賞：主播們或通過幽默的聊天方式，或通過優美的歌聲等一技之長，吸引前來觀看直播的粉絲進行打賞，收割流量的同時賺取不菲的收入。

三、流量變現：營銷上有一個萬能公式：利潤 = 流量 × 轉化率 × 客單價。有了流量，就有了變現的基礎。流量在哪，錢就在哪！

四、商品櫥窗：商品櫥窗開通以後，就能在短視頻中進行帶貨，然後粉絲有機會通過購買你的網店，或者合作網店的貨而帶來收益。

五、代言：網紅代言已經成為顯學，知識型創作者代言更具說服力。

六、巨量星圖：抖音星圖也就是官方廣告，將抖音視為一個中介，然後透過星圖讓廣告主和視頻主進行一個對接，如此三方都受益。

七、應用網站連結：創作者可以將個人相關連結放置於「自我簡介欄」，讓觀看者點入頻道主頁時，可以間接曝光個人網站。

以上七大獲利模式，列舉以下幾點效益：

一、連結購物車（連結淘寶及自建的抖音小店）成為售貨平台，透過直播及主頁可連結購物車。

二、互為粉絲，即可互相聯繫成為社交平台。

三、直播抖內及直播帶貨已經超越其他直播平台。

四、短視頻解決人性的不耐煩，十分鐘或許可看一篇 YouTube，但可以看十幾支抖音。

關於抖音的盈利模式，如果真要認真細分，那實在是太多太多了，以上列舉的只是目前比較主流，並且都還是大領域的方式，每一個都還可以細分為許多的小項目。總而言之，不管你用哪種方式，在抖音都是可以賺錢的，抖音的變現能力一定比你想像得大的多。但是我們可以引導你找到適合自己的正確獲利模式。

Step by Step

Part 3

超導流教戰攻略

目前品牌經營 TikTok 偏向提前佈局、經營紅利，尤其 TikTok 是國際版本，市場非常龐大，並不侷限於臺灣用戶。

企業可以選擇自己如何擴張品牌影響力，更深的層面則是累積品牌流量，搶攻 TikTok 經營先機，可在平台更為成熟時獲得商業利基。

01

TikTok 頻道經營的關鍵密技

TikTok，乃是企業品牌必須佔領的高地。企業品牌的價值是可以量化的，麥當勞眾所周知，可口可樂早已深入人心，為何還要砸錢在電視、網路媒體上打廣告？

是的，每支 TikTok 短視頻的呈現，就像是一支電視（網路）廣告一樣，強化品牌在受眾心目中的形象；以創作者來說，每支短視頻都是一個強化企業「內在」形象的機會。

投其所好——引發關注這樣做

TikTok 對影片創作者有嚴格要求，不管是個人或企業主想要得到更多關注流量，都必須投其（平台）所好：

優質內容

優質的內容將得到更多推薦，不合格或者不符合平台價值（系統運算機制）的內容，則獲得較少推薦或根本沒流量。這種機制促使以下結果：

一、創作者必須創作符合自己帳戶定位的內容。

二、對用戶呈現各種優質的短視頻。

三、讓用戶停留更長時間，獲取創作者提供的各種價值。

定義明確

用戶註冊帳號時，系統會請你選出自己喜歡的內容種類（興趣），從而推薦符合興趣的內容；用戶真正開始觀看視頻時，系統會推薦你有興趣且受歡迎的內容，這也是某些視頻可以在短時間內產生很大的流量，達到所謂的加乘效應。

系統運算推薦內容的調整，是一直在發生的事，當系統發現你對財經內容已經視覺疲勞，便會及時調整推薦給你的影片內容，再依運算規則，評估你的喜好度，再決定是否繼續推薦相似的內容。

風格為王——帳號及人設

什麼是個人品牌？如果我們將這個字拆開來看，

第一步

創作者必須創作符合自己帳戶定位的內容

第二步

對用戶呈現各種優質的短視頻

第三步

用戶停留更長時間，獲取創作者提供的價值

定義明確

加乘效應

用戶註冊帳號時，系統會請你選出你喜歡的種類，從而推薦符合你興趣的內容；用戶開始觀看視頻時，系統會推薦你有興趣且受歡迎的內容，這也是某些視頻可以在短時間內產生很大的流量的原因。

帳號人設

興趣圈規則

帳號定位人設不能隨意更改，TikTok(抖音)是興趣圈規則；當你的視頻和人設不同，將會導致系統不知要如何推薦你的視頻給相關用戶。

表 3-1 獲得高流量的三堅持

「個人」就是你自己，「品牌」則代表一種商業識別。若我們將兩個字組合在一起，其實就是用「經營品牌的方式」來經營「你自己」的意思。

在 TikTok 的人設和風格有自己的遊戲規則，在現實生活中「品牌」價值高的人，不一定能在 TikTok 中成為所謂的網紅。企業也是一樣，在 TikTok 獲利模式還沒完全開放的現在，已經有很多企業主開始在 TikTok 上打廣告，因為 TikTok 用戶與日俱增，而且日使用時間越來越久，人潮就是錢潮，一旦獲利模式開啟，將是 TikTok 另一波大爆發的時刻。

帳號定位（人設）不能隨意更改，所有的平台都是以朋友圈為出發點，唯有 TikTok（抖音）是興趣圈規則；當你的視頻和人設不同，將會導致系統不知要如何推薦你的視頻給相關用戶；例如你的人設是財經類，突然發個談自己感情生活的視頻，系統可能會直接將你的感情生活視頻降權（不給流量）。

很多人把「帳號定位」（人設）跟「風格」混淆；帳號定位是 TikTok 創作的系統概念，風格則是你所呈現的方式（拍攝手法，是否有人物出現等）；所以「風格」是「人設」的一部分；同一個 TikTok 帳號，人設要維持一致性，以便打造帳號的「品牌效應」，而風格則可以圍繞人設千變萬化，這樣可以讓視頻有機會被推薦給更多用戶，也避免粉絲審美疲勞。

就愛藍勾勾——品牌升級與認證

TikTok 會給一些公眾人物、媒體公司，或是品牌粉絲專頁藍色驗證標章，也就是俗稱的「藍勾勾」，代表該粉絲頁面已經通過驗證，這個標章除了會顯示於 TikTok 版面上，在回覆留言時也會出現在名稱旁邊，其他使用者一眼就能看出這個帳戶是通過 TikTok 驗證的真實頁面。

坐擁大量年輕用戶的 TikTok 已然是一個不斷突破上限的流量池，成為許多品牌的行銷新戰場。這些品牌在進行 TikTok 藍 V 認證後，可成為品牌方的內容行銷服務平台，說明企業傳遞業務資訊，樹立品牌形象。獲取了專屬的藍 V 權益，通過 TikTok 藍 V 行銷，等同於獲得了不菲的流量、品牌升級，以及有效轉化。

02
新手上路，坐擁流量池的第一步

TikTok 之所以能成為火爆的社交短視頻，其背後的演算法功不可沒。

TikTok 的推薦機制（流量分配）是去中心化的，也就是說，每個帳號都有機會爆紅。 這一點和 Facebook、Instagram、YouTube 等社交平台完全不同。

不可不知的熱搜機制

其他的社交平台上，例如 Facebook、Instagram 等，如果你沒有粉絲，內容就只能孤芳自賞。

但是 TikTok 不一樣，它的傳播不侷限於粉絲，甚至可以完全沒有粉絲。可是為什麼有人在沒什麼粉絲的情況下玩 TikTok，就能輕鬆獲得 10 萬以上的點讚，而有的人一連發了幾十條視頻，卻都沒什麼流量呢？這就必須瞭解 TikTok 演算法背後的邏輯：流量池。

TikTok 每一個視頻誕生的初期，都在初級流量池內，視頻會被推薦，傳給最有可能對視頻內容感興趣的用戶。然後，根據第一批用戶對視頻產生的行為回饋，機器會生成對視頻品質的評價，從而決定視頻是否進入下一個流量池，並獲得更大的流量推薦。

因此，TikTok 的演算法讓有能力產出優質內容的人，得到了公平競爭的機會。即使暫時沒有擁有眾多粉絲，只要你有能力產出優質內容，慢慢的就有高流量。

優質內容將獲得高流量推薦，相應地，如果視頻進入初級流量池後，用戶的回饋不好、資料不佳，TikTok 就會減少推薦，無法進入下一級流量池，甚至遭遇「雪藏」，最終的流量資料就會不理想。那麼，用戶行為回饋的哪些資料，會影響機器對視頻品質的判斷呢？關於這些資料的意義，將會在本書 Part 5〈TikTok 大時代：人人都可以是流量達人〉做詳細的介紹和分析。

STOP ！千萬別誤觸底線

TikTok 擁有強大的個性化推薦機制，讓每個帳號都有了製造爆款視頻的可能，但正所謂「無規矩不成方圓」，任何一個平台，都有自己的基本要求。

這些要求構成了 TikTok 平台內容審核的「紅線」，

一旦越線，輕則不給推薦，重則封號，甚至被追究法律責任。下面就讓我們一起來瞭解一下這些「紅線」。

◆ 反對憲法確定的基本原則內容。

◆ 危害國家安全，洩露國家秘密。

◆ 顛覆國家政權，推翻社會主義制度，煽動分裂國家，破壞國家統一的內容。

◆ 損害國家榮譽和利益的內容。

◆ 宣揚恐怖主義、極端主義的內容。

◆ 宣揚民族仇恨、民族歧視，破壞民族團結的內容。

◆ 煽動地域歧視、地域仇恨的內容。

◆ 破壞國家宗教政策，宣揚邪教和迷信的內容。

◆ 編造、散佈謠言、虛假資訊。

◆ 散佈、傳播淫穢、色情、賭博、暴力、兇殺、恐怖或者教唆犯罪的內容。

◆ 危害網路安全，利用網路從事危害國家安全、榮譽和利益的內容。

◆ 侮辱或者誹謗他人，侵害他人合法權益的內容。

- 對他人進行暴力恐嚇、威脅，實施人肉搜索的內容。
- 涉及他人隱私、個人資訊或資料的內容。
- 散佈汙言穢語，損害社會公序良俗的內容。
- 侵犯他人隱私權、名譽權、肖像權、智慧財產權等合法權益內容。
- 散佈商業廣告，或類似的商業招攬資訊、過度行銷資訊及垃圾資訊的內容。
- 使用本網站常用語言、文字以外的其他語言、文字及評論的內容。
- 與所評論的資訊毫無關係的內容。
- 所發表的資訊毫無意義的，或刻意使用字元組合，以逃避技術審核的內容。
- 侵害未成年人合法權益，或者損害未成年人身心健康的內容。
- 未獲他人允許，偷拍、偷錄他人，侵害他人合法權利的內容。
- 包含恐怖、暴力血腥、高危險性、危害表演者自身或他人身心健康內容的內容。（詳細可參見

TikTok 官方公告內容）

包括但不限於以下情形：

- 任何暴力或自殘行為內容。
- 任何威脅生命健康、利用刀具等危險器械表演，危及自身或他人人身及財產權利的內容。
- 慫恿、誘導他人參與可能會造成人身傷害，或導致死亡的危險，或違法活動的內容。
- 其他違反法律法規、政策及公序良俗、干擾 TikTok 正常運營或侵犯其他用戶或第三方合法權益內容的資訊。

禁止越電區：小心平台忌憚的內容

除了上述這些「紅線」外，我們還需要瞭解平台不鼓勵哪些視頻內容。

- 視頻品質差、無內容、模糊、產品 bug、靜幀、拉伸或破壞景物正常比例、非豎版、3 秒，及 3 秒以下、觀看後讓人感到極度不適等視頻。
- 搬運類視頻 ID 與上傳者 ID 不一致、帳號狀態標籤為搬運號、明顯截取的 PGC 內容、錄屏、出現其他平台水印等視頻。

- 調性極不符內容低俗含有軟色情、內容引人不適、內容不符合平台調性、非正向價值觀等視頻。
- 隱性高風險視頻或文案中出現廣告、欺詐內容、標題黨、醫療養生類、抽菸喝酒的行為、違規飼養野生動物、虐童現象、疑似賭博場景、封建迷信現象、酒吧等嘈雜環境，與金融相關的產品介紹、宣揚宗教信仰的內容。

平台不鼓勵上述內容，是為了維護平台生態的健康，這樣才能夠持久留住用戶。只有這樣，流量才能產生價值。所以，作為每一個帳號創作者，我們都有責任用優質的視頻，共同維護平台的生態健康。

你是熱號，還是殭屍號？

有不少創作者曾反映說，自己創作的帳號一度流量還不錯，但後來不知道是什麼原因，突然沒什麼流量了，無論再發什麼內容，視頻資料看上去都是「一片死寂」，於是百思不得其解。

其實若碰到這種情況，你基本可以確定：自己創作的帳號被降權處理了。每一個 TikTok 帳號，都有被機器和人為判定的一個權重，它直接影響著帳號的流量。

每個平台遊戲的帳號都會有等級之分，TikTok 也不為過。以下有 5 種帳號分類，可以依此瞭解自己帳號目前的位階，並隨之更改策略：

僵屍號

如果是持續一個星期新發佈作品的播放量在 100 以下，則視為僵屍號。僵屍號幾乎等於廢號，此時建議重新註冊 TikTok 帳號。僵屍號就是連 TikTok 好友也不會給推薦，相當於你發朋友圈，別人也看不到。

最低權重號

如果持續 7 天新發佈作品，播放量在 100 至 200 之間徘徊，則是最低權重號，只會被推薦到低級流量池。如果持續半個月到一個月沒有突破的話，會被降為僵屍號。

中途降權

還有一種特殊的情況是「中途降權」。比如說帳號之前的播放量是在幾千或者幾萬，但是有一天你發佈了一條特別硬的廣告，這裡必須知道 TikTok 是很討厭硬廣告的（太直接或明顯介紹商品）。所以，一旦它的系統識別到內容廣告太硬了，那麼就會直接降權，可能直接

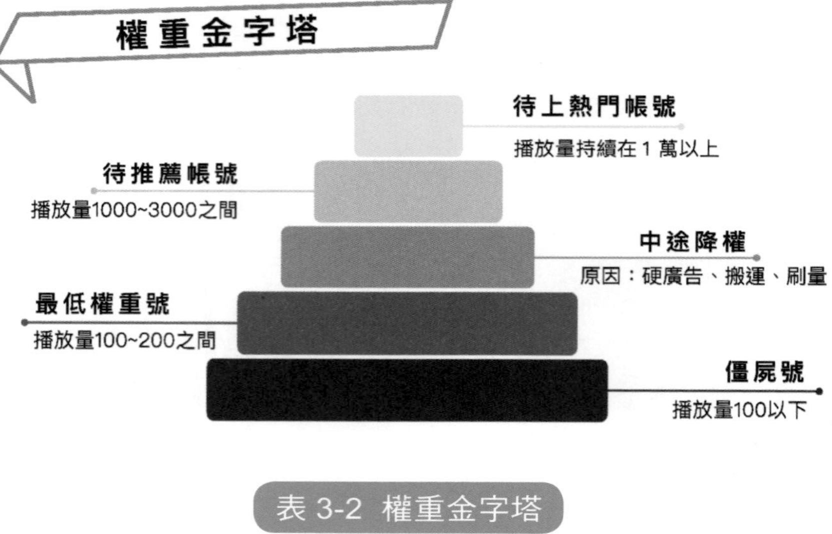
權重金字塔
待上熱門帳號
播放量持續在 1 萬以上
待推薦帳號
播放量1000~3000之間
中途降權
原因：硬廣告、搬運、刷量
最低權重號
播放量100~200之間
僵屍號
播放量100以下

表 3-2 權重金字塔

把這個帳號就降為最低權重號或者僵屍號。

很多帳號突然就沒有播放量的原因，容易被「中途降權」的第二類行為，就是「搬運」。你的帳號若直接複製了其他平台的視頻，而沒有經過二次創作，被平台識別後，也會被降權。

另外，會被「中途降權」的第三類行為，就是「刷流量」或「刷粉絲」。

待推薦帳號

如果視頻播放量是在 1,000 至 3,000 之間，則為待推薦帳號，這個權重相對比較高。

如果說你接下來持續發佈了比較高品質的作品，或者垂直領域的一個優質作品被 TikTok 看到了，那麼它會直接把你推薦到更大的流量池裡，那個時候你的視頻就可能一夜之間成為「小爆款」。

待上熱門帳號

視頻播放量持續在 1 萬以上的帳號，為待上熱門帳號，官方會主動把視頻推送給更多的人。

這種帳號距離爆款只差一步之遙，所以此時的帳號創作者一定要趁熱打鐵，主動參與各種官方的最新話題、挑戰活動等，積極使用平台上最新發佈的音樂作為BGM，使用最新的拍攝功能（如合拍、搶鏡等）。只要你這樣做了，內容很快就會被推薦到更大的流量池中，從而一夜成就超級爆款。

在此要提醒創作者們：TikTok 上面的熱門是「保質期」特別短的，每天會更新出來很多新熱門。所以我們發佈視頻的時候，一定要找最新的熱門，並且找參與人數最多的話題來執行。不要去蹭那些過時的話題，因為那種熱點蹭了也沒有作用。

教你跟降權 say NO ！

如何避免被降權？給大家一些可行的方法：

◆ 一部手機一個坑：保證一部手機對應一個電話卡和一個帳號。不要出現一部手機頻繁切換多個帳號的情況，這樣是會被降權的。一部手機最多操作兩個帳號。

◆ 堅持原創：多採用 TikTok App 或剪映（TikTok 的子公司）進行拍攝。

◆ 發佈高品質的作品：多參加熱門話題，多使用熱門音樂，發佈視頻時多@ TikTok 小助手。

03

激活帳號，設立注意事項

那些點進帳號主頁觀看的受眾，多半都是被某一個視頻吸引進來的，其中關鍵在於體現出簡練、直白、鮮明的個性。他們進來的目的只有一個：看看這個帳號是不是我喜歡的類型，值不值得我去關注。

帳號簡介，激活這樣做！

你的帳號簡介，就像面試或相親時的自我介紹一樣，起著營造受眾心中第一印象的重要作用。沒有人喜歡聽冗長、天花亂墜的自我介紹，而 TikTok 受眾更是沒有這樣的耐心。

他們只想第一時間瞭解你的帳號，看是否能和自己「配對成功」。所以，如下這些簡練、直白、能讓受眾在最短閱讀時間內瞭解帳號個性的簡介，就非常具有優勢了。

表 3-3 建立帳號四大重點

視頻封面

該如何展現人設統一性和可信度呢？那些點進 TikTok 帳號主頁的受眾，他們的視線很難不被下方的視頻封面所吸引。這個區域就像一個人的臉龐，長得好看與否、五官搭配是否協調、有無瑕疵，都將影響別人對他的評價。

沒辦法，這就是個「看臉的世界」！一個 TikTok 帳號的主頁，如果視頻封面內容看上去非常統一，充滿了視覺張力，那麼受眾將對 TikTok 帳號的人設更加信任，增加內心的期待感，從而更願意關注帳號。

視頻內容

切忌一味追熱點，作為 TikTok 的創作者，心中一定要時刻繃著一根弦：我即將製作的新視頻內容，符合帳號的人設嗎？

有些企業急功近利，一味跟風、追熱點，導致帳號內容調性極不統一，帳號人設讓平台和受眾捉摸不定。其實這樣的做法等於捨本逐末，很難精準吸引到粉絲。

切記！「優質內容≠爆款內容」，品牌不應單純追求爆款，而是應力求穩定產出符合人設的優質內容。符合人設永遠都是帳號在製作視頻內容的最基本原則。在這個基礎上，才能進一步談風格和創意等其他元素。

互動行爲

TikTok 帳號和受眾的互動行為，包括 4 個方面：評論互動、私信互動、視頻內容互動、直播互動。

和平時產出的視頻內容一樣，所有的互動過程，也都要符合帳號的人設，否則會讓受眾感到錯愕，甚至放棄關注。

和粉絲如何互動

評論互動

回覆受眾評論，是彰顯帳號人設的重要一環。如果還能成為熱評，那麼對視頻的傳播效果則有增強效應。評論互動最重要的就是「說人話」，就像平時聊天一樣，多用口語化語言，如果再能有一些幽默感，加上一些活潑的表情就更好了。

私訊互動

根據觀察，大多數給創作者發私信，都是對產品或內容感到興趣的人。

因此，創作者在互動時，要在符合人設的基礎上，多加注意解答時的專業性和權威性。

視頻內容互動

視頻內容互動，指的是創作者從某條評論中獲得了建議或啟發，在不違背帳號人設的前提下，所發佈回應該評論的視頻內容。而這條被用視頻回應的評論，一般都是排名極為前面的熱評。因為只有這樣，創作者專門用一個視頻去回應，才能彰顯出價值。

直播互動

直播互動，指的是 TikTok 創作者開直播，即時與受眾進行互動吸粉。在開直播前，一定要做好萬全的準備，保證不偏離人設。

04

火爆熱線，TikTok 的推薦運算機制

TikTok 之所以成為如此火爆的社交短視頻應用軟體，背後的演算法功不可沒。TikTok 屬於字節跳動旗下產品，TikTok 的推薦機制（流量分配）是去中心化的，也就是說，每個帳號都有機會爆紅。這一點和 Facebook、Instagram 等社群平台都完全不同。

TikTok 裡每一個視頻誕生的初期都在一個初級流量池，視頻會被推薦給那些最有可能對視頻內容感興趣的用戶。然後，根據第一批用戶對視頻產生的行為回饋，機器會生成對視頻品質的評價，從而決定視頻是否進入下一個流量池，並獲得更大的流量推薦。

那麼，用戶行為回饋的哪些資料會影響機器對視頻品質的判斷呢？一、點讚率；二、評論率；三、轉發率；四、完播率。

有關於「如何提升視頻品質四大評比」，將於 Part 5〈TikTok 大時代：人人都可以是流量達人〉做詳細說明。

表 3-4 視頻品質評比標準

怎麼上推薦？（擷取自官方公告）

- 必須是個人原創視頻。
- 保證視頻時長、內容的完整度，視頻短於 7 秒很難被推薦，保證視頻時長才能保證視頻的基本可看性；內容演繹得完整才有機會上推薦。
- 多多參與線上挑戰，是上推薦的快速通道。
- 特別指示：帶其他 App 水印和使用不屬於 TikTok 貼紙、特效的視頻，是不會被推薦的。

新手如何快速上推薦？（擷取自官方公告）

- 做個演技派！歌曲演藝、自創內容演繹、分飾多角等，將音樂變成自己的 MV！
- 拉上親朋好友一起拍，多人視頻更精彩！
- 秀出你的才藝，秀出與眾不同的想法；原聲視頻、彈唱、舞蹈、BBox、滑板、繪畫、運動健身等等，這些都是快速上推薦的利器！
- 外景視頻！拍照講究光線好、風景棒，視頻也不例外；好風景加上好內容，不上推薦怎麼行呢？

05

電梯法則，
15 秒內完成病毒式營銷？

本節將帶來 TikTok 內容創作中「電梯時間法則」的解析。所謂「電梯時間」，就是在一段廣播電視、長視頻、短視頻節目中視聽率最高、最能吸引受眾注意力的時段。

比如春晚的前十幾分鐘，NBA 的中場休息時間，短視頻的開頭幾秒。「電梯時間法則」的重點是品牌方必須合理把控內容的黃金時間，並在較短時間內搶奪用戶注意力。

掌握趨勢，博取眼球商機

「電梯時間法則」顯著提升視頻傳播效果，知萌諮詢機構統計顯示：視頻長度與消費者單次觀看完播率有顯著關係，15 秒內的視頻，相比於 15 秒以上的視頻完播率提升了 96.3％，轉發率和評論率分別提升了 3.03 倍和 5.45 倍，更高的完播率能夠幫助創作者更加完整地傳播資訊。對於視頻時長，相關行業人士又是如何看待的呢？

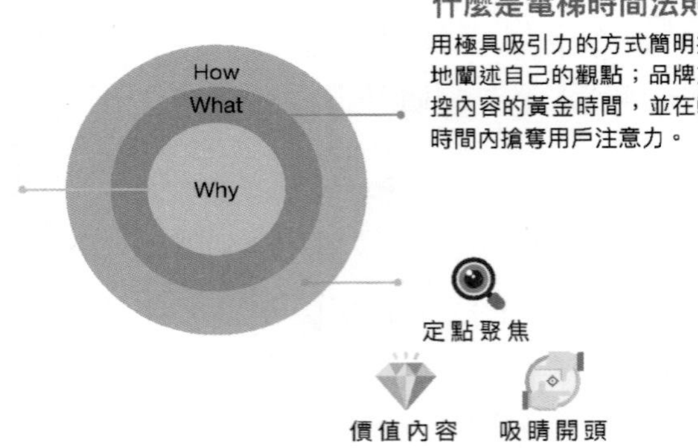
說明1
15秒內的視頻相比於15秒以上的視頻完播率提升了96.3%。
說明2
15秒內的視頻相比於15秒以上的視頻轉發率和評論率分別提升了3.03倍和5.45倍。
說明3
更高的完播率能夠幫助品牌方更加完整地傳播資訊。
How
What
Why
什麼是電梯時間法則？
用極具吸引力的方式簡明扼要地闡述自己的觀點；品牌方把控內容的黃金時間，並在較短時間內搶奪用戶注意力。
定點聚焦
價值內容
吸睛開頭

表 3-5 電梯法則 2W1H

Cheil China（傑爾廣告）前大中華區執行創意總監龍傑琦稱:「如果前5秒不吸引我的話，我可能就滑過去，如果吸引我注意的話，我會點開看。」時趣互動 CEO 張銳則提到：「抖音豎屏視頻的前 5 秒有可能像是公眾號文章的標題，所以前 5 秒到前 7 秒是最關鍵時刻。」字節跳動行銷中心總經理陳都燁表示：「廣告時長縮短是不可逆的趨勢，創意會越來越輕，但由於用戶處於主動觀看情景，品牌方需要將創意和互動有機結合才能有效推廣。」

「電梯法則」來源於麥肯錫 30 秒電梯理論：凡事要在最短的時間內把結果表達清楚，認為真正好的廣告應該能在 5 至 7 秒內抓住觀眾眼球，對產品的銷售有幫助，而且能吸引觀眾花十幾秒的時間把它看完。TikTok 豎屏視頻的前 5 至 7 秒，也已然成為創作者完成病毒式行銷的「電梯時間」，這也是視頻平台的趨勢。

「電梯時間法則」，滿足觀看者期待

雖然 5 至 7 秒可能很難傳達太多內容，但 Google 及 TikTok 後臺的資料都證明，它能大幅提升品牌回憶、認知和購買意願等。問題是創作者如何在更短的時間、更小的創意發揮空間內，打造一個病毒式行銷方案呢？在短短幾秒內吸引受眾的注意力，有如下方案：設置懸念，吸引受眾好奇；儘早告訴受眾看完這條視頻能夠獲得的收益；每隔幾秒設置一處劇情反轉。

總之，需要通過一個吸睛的開頭迅速獲取用戶目光。視頻內容最好能滿足有趣、有用、有品、有情等，其中的一種或多種特點。值得強調的是，創作者若是想要玩轉「電梯時間法則」，切忌廣泛「撒網」，而是要定點聚焦，「小而透」遠勝於「大而全」。

對用戶來說，可能本來就沒有心情或耐心看完廣告，TikTok15 秒內視頻需要為他們帶來「創意驚喜」。對創作者來說，15 秒內的極限時長有好有壞。好的方面是有利於提升廣告的完播率，壞的方面是更短的時間意味著「抖」起來非常燒腦（考驗創意）。

應用「電梯時間法則」，玩轉手機創意

目前，手機領域的小米、榮耀、OPPO、聯想，電商領域的天貓、唯品會、蘇寧易購，汽車領域的一汽大眾、一汽馬自達、一汽豐田、北京現代等品牌都已入駐抖音。我們來瞭解一下品牌是如何應用「電梯時間法則」，並確認短視頻的創意呢？

本質上，品牌內容就是「講故事」。以 Nike 為例，之所以能不斷創造新的商業高峰，並佔有「潮牌」地位

的原因不單是來自「爆紅」的廣告或行銷活動，而是因為每次 Nike 的大小行銷宣傳內容都具有一致性。從代言人的篩選到廣告標語，Nike 建立了鼓勵人們勇於挑戰自我、克服困難的品牌形象。久而久之，就累積成消費者對於 Nike 的品牌認知，造就了品牌今天擁有的定位和形象。

當你在策劃視頻時，被「講什麼故事」所困，花點時間瞭解目標客戶（或潛在客戶）的產品評價，研究用戶對視頻的看法，也許就能獲得創意及靈感。具體來說，你可以借鑒的一種方法是通過用戶的評論及回饋資訊，研究消費者心理，進而展開 TikTok 創意策劃，在最短的時間內吸引最大的關注。

06

快速圈粉發文術：TikTok 經營技巧實戰

「經營技巧」中，發文頻率與觀看數之間的關係，簡單來說，二者沒有關係。

最近有很多創作者詢問，自己發了一支影片之後，觀看次數不錯，是不是應該過幾天再發下一支影片，以免搶佔這支影片的流量。但實際上這種擔心是沒有必要的，這是一種典型的「時間序列」下，養成的思維習慣。

由於 Facebook、Instagram 等平台，都是以發佈時間的先後，決定內容的出現，確實會存在發佈了新的內容就擠佔了舊的內容，但是 TikTok 是以演算法推送影片給觀眾，所有人發佈的影片，都會在一個大的水池中相互競爭，不存在絕對時間的先後關係。

在 TikTok，你發佈的每支影片和其他的影片之間，都不存在相互關係，每一支影片的觀看量都完全由影片自身的質量決定，影片完播率則取決於閱聽者對於影片的反饋。

表 3-6 六大經營技巧

因此，不會存在「發佈新影片搶走舊影片流量」的說法，流量不是按人頭分配，而是按質量分配。如果你的影片都足夠優秀，可以吸引觀眾看完、點讚、評論、分享，那麼即使一天發 10 支影片，也會支支擁有 10 萬以上的觀看次數。

此外，保持高頻率、高質量的影片發佈習慣，有利於影片常常出現在推薦頁中，讓更多的觀眾對創作者產生認知和親切感。因此，不要再捨不得發佈影片了喔。

現在你知道發文頻率的問題，該如何處理了嗎？

用對音樂，衝傳唱熱搜

很多知識型創作者，不習慣在影片中加任何音樂或者不知道加什麼音樂？

對於 TikTok 來說，音樂是影片很重要的組成要素，有些音樂甚至會成為一段時間內的潮流，被大量用戶反覆使用，因此添加合適的音樂，可以適當地烘托氣氛，為影片加分，甚至可以帶來更多的觀看次數。

選擇音樂的重點：

◆ 根據內容添加情感一致的音樂

如果是講解一些日常小知識，用活潑歡快的音樂；如果是講解成功學或銷售經驗，用積極昂揚的音樂；如果是與科學、歷史相關，用大氣的音樂。切忌在所有類型的影片，全部用同一風格的音樂。

◆ 舒緩輕音樂類的風格太沉，盡可能使用有一些節奏感的輕快音樂。

TikTok 是一個短視頻平台，影片節奏快，若使用舒緩的輕音樂，容易減慢用戶的觀看節奏，讓用戶降低觀看期望度，從而滑走。

◆ 當平台流行某首音樂時，試著將流行的音樂融入影片中。

TikTok 會週期性地流行一些音樂，當整個平台的用戶，對某首音樂都熟悉並且喜歡使用後，而你使用這個音樂，會增大用戶對影片的親切感，增大用戶看下去的可能；具體哪些音樂開始流行，可以通過多刷推薦頁，或者觀察每週的官方挑戰得知喔。

微加創意，巧妙處理橫式畫面

雖然很多人會一直強調盡可能拍攝直式的畫面，這樣可以給觀眾最好的觀看體驗，但是仍然不可避免，有些創作者更習慣拍攝橫式影片，或者在某些場景下需要用橫式鏡頭來呈現畫面，在這種前提下，怎麼樣處理影片，讓它可以融入 TikTok 這種直式影片為主的平台呢？

答案就是：增加背景，充分利用上下方閒置空間。

橫式影片在上傳 TikTok 後，一般是佔據螢幕中間的位置，而上下方是黑色，這樣看起來畫面較小且沒有佔滿螢幕，讓觀眾的觀影體驗感覺較差。此時在影片的上下方加上色彩，或者花紋的背景，影片會佔滿整個直式螢幕，成為「偽直式影片」。

當然，如果僅僅是變換顏色，畫面並沒有本質的變化，我們要做的是，充分利用上下空間，用文字或者其他圖示訊息填滿，讓上下空間也能發揮傳遞資訊的作用，一般來說，空白區域可以增加的資訊，包括以下項目：

- 影片的標題或系列影片名稱
- 創作者的名稱
- 字幕
- 補充性的圖片信息

假使做到這裡，一支橫式影片就可以貼合 TikTok 觀眾的觀看習慣。同理可知，正方形的影片也是一樣的原理，喜歡拍橫式的創作者們，下支影片趕緊試試吧！

範例影片 01

範例影片 02

創造關鍵：使用 Hashtag

受到 Instagram 使用習慣的影響，創作者喜歡在上傳影片的時候，帶上很多的 # Hashtag，認為這樣可以增大影片的曝光概率，但是這個思路在 TikTok 上的實際作用並不大。

TikTok 的影片主要是靠演算法進行推播，你發佈的影片，絕大多數的流量都來自於演算法進行控制的推薦，而相應的 Hashtag，對於增強曝光的作用很小。因此，大家還是把更多的精力放在如何提升完播率、點讚率、評論率、分享率等重點指標上，因此，影片內容才是王道。

另外，TikTok 的標題字數過多會影響觀眾在推薦頁的整潔度，還會讓影片本身內容文字，缺乏語言發揮空間，所以引用 Hashtag 要適可而止。

什麼時候可以使用 Hashtag 呢？總括來說，參與官方挑戰展示的 Hashtag，對於觀看次數的提升有直接幫助。也就是說，參加 TikTok 官方每週在群組發起的挑戰賽，就可以獲得較大的曝光機會。

下次，你就知道該怎麼運用 Hashtag 了！

知識型分享，擴大傳閱

知識類的影片一般分成「分析講解」和「解決問題」兩種要素，對於這兩種要素來說，想要獲得高分享率必須擁有以下特質：

分析講解型影片，講解的知識本身擁有「日常」和「特殊」的雙重特性；解決問題型影片，提供有效且可行的解決辦法。

下面來解釋一下：「分析講解」類的影片，一般是解釋一種現象，說明一個原理，或傳遞一個新的知識。「日常」的特性是指，大家在日常生活中，常常會遇到的問題，比如該不該早睡？肥胖的原因？怎樣使用特定的外語詞彙？

「特殊」的特性是說，這個問題的解釋超出大家的意料，會給大家帶來恍然大悟的感覺。比如「原來不曬太陽會影響減肥」、「原來日常的某詞彙還有這幾種簡單，但不常見的說法」，換言之，這個知識是和日常相關，但是知識點本身，稍稍高於普通人擁有的常識水準。

這樣的影片，讓大家對內容產生共鳴時，同時也產生一定的崇拜感和知識的獲取感，進而促進知識的分享。

「解決問題」類影片，一般是告訴大家一個解決問題的辦法，比如肌肉痠痛怎麼辦、失眠怎麼辦等。這類題材，自然就具有被分享的體質，因為解決辦法永遠是最「有用」的內容，可以引起大家的分享欲望。

這類影片最需要注意的就是，首先，把解決辦法清晰地羅列出來，最好是以 1、2、3 點的條列方式，比如「三步快速入睡法」、「這四件事讓你經營好團隊」等，能夠高效地傳遞解決資訊；其次，這個解決辦法應該有效且可行，比如「失眠的時候數羊」，或者「心情鬱悶的時候多出去走走」，因為不能引起用戶的共鳴，也就無法起到「分享」的作用。

出色提問，提升評論率

評論率是影片能否得到廣大流量的重要因素，其實之前的四大因素中，只要有任何一項做得非常出色，影片流量就會有不俗的表現，現在來講講評論率。

提高評論率最簡單的方法，就是提問題。這一點毋庸置疑，建議大家在影片的兩個位置提問題：

◆ 影片的結尾

◆ 影片的標題

在影片的結尾進行提問，可以提醒大家和影片進行互動，也就是前文說的「互動喚起」；而在影片的標題提問，是少有人注意，卻是實用的方法，因為影片播放前，觀眾第一眼就看到標題了，所以這個問題，會快速地被觀眾捕捉到，如果問題內容讓他有話想說，就能喚起他的互動。

提問的問題，分成幾個原則：

◆ 問題和影片內容相關

◆ 問題貼近生活，讓所有人都可以討論

◆ 不提沒有意義的問題

比如，影片主題講如何快速入睡，相應的就可以問大家：「你在什麼樣的場景下容易失眠呢？」而一個壞問題就是：「影片中講到的 XX 因素，和〇〇因素對於睡眠的影響，你覺得哪個更大？」這種過於學術、專業的問題，會讓觀眾插不上嘴，也無法做出有效互動；當然，也不要問過於基本的問題，比如「你覺得睡個好覺重要嗎？」這樣的問題屬於無意義問題，同樣無法激起觀眾的表演欲和討論欲。

短而精美，提高完播率

之前和大家分享過，觀眾對於影片的反饋，來決定影片是否能被更多用戶看到，其中一個重要指標是「完播率」，意思是影片被完整觀賞完的比率。今天給大家講一個最簡單的方法論，讓你切實有效地提高完播率，那就是「影片長度越短越好」。

30 秒以下的影片完播率，會明顯高於 30 秒以上，除非內容極度吸引人，否則接近一分鐘的影片，基本上只有極少數人會完全看完。你多說了 10 秒無關緊要的話，可能讓影片本來能獲得 10 萬的流量變成 1,000 的流量。如果有創作者說，時間太短很難表達內容，這裡提出兩個步驟供你自查：

- 拍攝之前想清楚內容，最好寫成腳本，刪掉不是重點的話，這樣就會發現，你覺得講不完的內容，其實是太多的口水詞、停頓、表達累贅所造成。

- 如果在語言反覆精煉之後，還是刪不了，可以想一想將內容拆分成幾支影片發佈，一個內容的論點不一定要擠在一支影片講完。

超越完播，晉級熱搜王

在提高影片完播率的辦法上，前文講到了，影片長短是影響完播率的重要因素，另一個更重要的因素是「影片的精彩程度」。這個很好理解，觀眾看到一個「精彩的」內容，自然會想要看完，但是「精彩」是一個很難把握的概念，可能是畫面的極度精緻、內容的極度罕見，也可能是情節極度懸疑或搞笑。評判影片的精彩與否很簡單，設想一下，當自己看到影片時，或者把影片傳給朋友，問看看他們會不會看完，就會知道影片是否精彩了。

另外，再加碼側面提升觀眾「精彩主觀體驗」手段；以下分享初學者很容易上手，相對容易提升影片完播率的結構：「疑問句＋解釋＋結論＋互動喚起」。

以一個健康知識影片來舉例：

「『手機不要放床頭，會致癌的！』這樣的罐頭訊息，你從父母那裡聽到耳朵都長繭了吧？」—— 疑問句

「其實這樣的謠言，在坊間瀰漫很久了，今天我來告訴你手機放在床頭，到底會不會致癌？其實手機的輻射量……。」—— 解釋

「所以，下次如果爸媽再苦口婆心地勸你和手機分手，你可以毫不猶豫地告訴他們，純屬虛構！」——結論

「父母喜歡發送哪些罐頭訊息呢？留在評論裡讓我知道。如果你想學習更多的健康小知識，別忘了按讚、分享、訂閱我！」—— 互動喚起

學會了嗎？下一支影片就用這個萬能上手結構來試試吧！

07

創意紅海？短視頻開創視野新格局

短視頻已經在網路上發展得如火如荼，如何高效創作更有創意的短視頻內容，並獲得廣泛傳播，成了眾人關注的問題之一。

不論是短視頻題材或內容類型的選擇，還是其敘事與剪輯，都涉及相應的創意策略。同時，許多新技術的出現，又為短視頻的內容創意帶來了許多新的技術創意可能。

TikTok 緊追 YouTube，超越 Facebook ？

根據資料統計，YouTube 月活躍用戶多達 20 億，截至 2020 年 3 月，YouTube 的觀眾平均每天登錄 2.5 億小時，對於年輕族群而言仍然具有強大吸引力。

然而，隨著時間演進，YouTube 大部分忠實觀眾將逐漸走向成年階段，風格內容也將隨之調整，進一步推測下去，未來恐會慢慢失去原先獨特性的領先觸角。

此時，緊追在後的 TikTok 勢必接上這個斷層，成為後來的王者。2017 年 9 月成立的 TikTok，僅僅花了 3 年多就有超過 150 個國家使用，而且月活躍用戶超過 8 億人。

TikTok 與 YouTube、Facebook 的影音表現方式不太相同，TikTok 是以短視頻為主，Facebook 作為當前線上廣告的主流之一，也開始朝向影片為主的廣告投放，三者的共通點，都是依賴使用者創作並上傳分享內容。

若以使用族群而言，TikTok 有超過一半的使用者介於 16 至 24 歲之間，其中尚可下探至更年輕的族群，儼然已經坐穩短視頻的龍頭地位，令 YouTube 和 Facebook 感受到龐大的壓力。

視頻創意，創造黏著度

關於視頻創意，創作者需要記住以下兩個要點：

前五秒法則

如果視頻在前 5 秒內沒有亮點，基本宣告了視頻的失敗。因為 TikTok 的資訊流切換特性，讓用戶更換「節目」的成本極低，他們沒有耐心看的內容，動動手指就能輕鬆 pass 掉。道理很簡單，如果你花錢買票看電影，那麼即使是爛片，也很難做出中途離場的決定，因為付出了金錢成本。但是刷 TikTok 時，使用的是時間成本。一旦可以選擇自己喜愛的視頻內容時，你會願意付出更多的時間成本，去觀看一個不吸引你的內容嗎？

期待無限，五秒反差法則

在視頻的不同時段，最好是每隔 5 秒內就設置反轉點，對用戶產生不斷的刺激，吸引用戶完播觀賞，並產生持續關注。在 YouTube 視頻時代，可能是相隔幾分鐘暗藏彩蛋；但是在 TikTok 的環境裡，可能 5 秒內就得有反轉、反差，因為用戶極度缺乏耐心。想要擁有完播率，反轉點及之前鋪墊的設置得巧妙一些，讓用戶產生期待感，讓他期待影片的下一秒。以下視頻就是遵循了上述兩個法則，雖然時間不到半分鐘，但每秒鐘的內容都沒有贅述，每秒鐘都沒有浪費，不斷吸引著用戶的注意力，直到看完視頻。

參考案例

爆款七大方法論

下面借鑑定位公關專家「快刀何」的研究，為大家分享抖音「爆款七大方法論」。

一、模仿法

◆ 隨機模仿：看見什麼視頻「火」，自己照樣子拍一個，比如海草舞。

◆ 系統模仿：找到對標的帳號、IP，TikTok 內外均可，分析其經典橋段、套路，不等它在 TikTok「火」，就模仿拍攝一個。

二、四維還原法

第一步：內容還原。把熱門視頻用文字描述一遍。因為展開過程中，無數細節會被記錄並展現出來，信息量得以完整呈現。

第二步：評論還原。看看用戶，看了這個視頻是什麼反應。

第三步：身分還原。通過對受眾、點讚回復用戶的身分反查，找出創作者，留意他們關心的主題，評估他們關心爆款視頻的原因。

第四步：策略邏輯還原。這個視頻是給誰看的？主流用戶是誰？發什麼給他們看？

三、場景擴展法

明確目標用戶後，圍繞目標用戶關注的話題，迅速找到更多內容方向：

第一步：畫出九宮格。

第二步：以孩子為核心，列出 8 對核心關係。

第三步：再以 8 對關係為九宮格核心，畫出 8 個常見的、最好有衝突的溝通場景。

第四步：基於 8×8 ＝ 64 個場景，每個場景規劃三段對話。

比如做家務：◆ 拖地對話　◆ 洗碗對話　◆ 洗衣服對話。角色之間的衝突關係，會在每一個場景裡體現出來。

四、代入法

先給主題構建一個「代入法」的場景，可以讓團隊在這個「畫框」內，不斷代入各種元素，實現輕鬆創意複製，比如賣車。大家可以想想看，賣車有哪些好玩、有趣、有衝突的環節：

家長	家教、阿姨等 家庭角色	老師
爺爺、奶奶、叔叔、 阿姨等家庭角色	10~18 歲孩子	校長、主任等 校園身分
兄弟姐妹	別人家的孩子	同學

表 3-7 場景擴展法範例 -1

上學	吃飯	家庭
家教	孩子和家長的場景	做家務
出遊	孩子買東西	購物

表 3-7 場景擴展法範例 -2

◆ 發傳單的衝突——花式發傳單。

◆ 顧客電話邀約的衝突——顧客的花式拒絕，顧問的花式勾搭。

◆ 到店接待的衝突——新來的店員竟這樣接待客人。

◆ 詢問講解的衝突——難纏顧客的花式提問。

◆ 價格談判的衝突——顧客這樣砍價，沒有見過；或者翻轉過來，如何有效砍價；當你砍價的時候，銷售員心裡在想什麼？

◆ 交車儀式的衝突——如何交車有「儀式感」？改換另一種方法來體現顧客交車的尊貴。

五、翻轉法

翻轉生對比，對比生反差，反差生情緒能量，情緒能量生行為衝動。簡單來看「翻轉法」，無非就是：

◆ 找到一種參照——吃西餐。

◆ 用最反差的方法來表演這種參照——吃辣條。

◆ 界定翻轉時間點——前翻、中翻、後翻。

◆ 為翻轉動作取一個「翻轉感」的好名字。此法對於增加點讚量，確有奇效。

翻轉法參考影片

六、嵌套法

嵌套法的目的，用來解決 TikTok（抖音）視頻可能出現的幾個問題：

- ◆ 信息量單薄。
- ◆ 用戶缺乏吐槽點。
- ◆ 視頻缺乏耐看性。

那麼如何實現嵌套呢？

嵌套法的作法：

第一步：製作一個故事腳本。

第二步：製作第二個故事腳本。

第三步：通過一個嵌入點，把第二個故事腳本嵌入第一個腳本。

第四步：如此循環往復，直至無窮⋯⋯。

七、刺激動作法

所謂的刺激動作，就是用技巧刺激用戶產生觀看完整個視頻、重複播放視頻、點讚、評論、關注等，利於視頻二次推薦的行為。

以下舉幾個例子：

- 最後一句更精彩！
- 看到最後一幕我哭了！
- 結尾簡直不能相信！
- 五個方法，第五個太絕了！
- 有這六個特點，你就老了！

刺激宣洩型評論，辦法是刺激情感值，讓他痛，讓他樂，讓他感動⋯⋯；刺激答案型評論，是讓他看見問題，讓他有答案，讓他自己發答案到評論上。還可以放個鉤子——故意設置槽點，比如魔術視頻故意留下小bug；在美女視頻中，故意留下不顯眼的聯繫方式。

動作／動機	好奇	情感宣洩	自我肯定	害怕失去	其他動機
播放	重播勾起刺激				
點讚		自我認同刺激			
評論			答案刺激		
關注			身分認同刺激	後續內容	

表 3-10「刺激動作法」流程

「四有」原則：粉絲爆棚，關注不斷

關於 TikTok 內容創意，除了上述兩個時間相關法則、爆款七大方法論可以借鑒之外，我們還要關注「四有」原則。

有用	有趣
用戶願意持續關注，能帶給他們收穫的帳號，並能保持對帳號內容更新的期待感。	「有趣」指的不是低俗，而是傳遞一種樂觀、積極向上的生活態度和幽默感。
有性格	**有價值觀**
「性格」代表的是企業的品牌形象，「性格」要鮮明，最忌模稜兩可。	與目標用戶群體的價值觀形成契合，能夠獲得粉絲的認同。

四「有」原則

表 3-11 四「有」原則

有用

即指用戶通過你的影片，能夠收穫一些東西。比如感受、知識、認知觀念，甚至是興趣。用戶願意持續關注，能帶給他們收穫的帳號，並能保持對帳號內容更新的期待感。「小米商城」把其 3H 內容中的標籤型內容，設置為「有用」類型的內容，長期穩定輸出拍攝教程類視頻，截至 2018 年 10 月，「小米商城」已穩穩收穫了 243 萬粉絲。

【案例解說】投資是一輩子的事，但太多人在本業賺大錢，卻一生積蓄耗損在不當投資。我用 1 分鐘的時間，讓投資者知道什麼投資商品最好不要碰，短短一週，即有 30 萬的觀看數。

參考案例

有趣

抖音官方曾給出數據：「輕鬆娛樂」類的視頻內容，佔到平台熱門內容的 25%，位居所有視頻類型的首位。這是因為抖音年輕用戶居多，另一方面，是因為抖音用戶利用碎片化時間觀看視頻的需求使然。

當然，這裡的「有趣」指的不是低俗，而是傳遞一種樂觀、積極向上的生活態度和幽默感。

【案例解說】Dcard 這個相當成功的年輕人平台，在大家競相搶佔 TikTok 之路，也沒有缺席。年輕人喜歡有趣的東西，Dcard 開啟有趣的話題，實際採訪年輕族群的互動效果，輕易得到將近 6 萬個讚。

參考案例

有性格

「性格」代表的是品牌或個人形象，「性格」要鮮明，最忌模稜兩可。比如「ADIDAS」的性格就是「愛運動」，那麼它的視頻內容裡就充滿了對運動生活的展示和宣導。

比如「黑鯊遊戲手機」的性格就是「愛玩遊戲」，那麼它的視頻內容裡肯定就少不了各類熱門遊戲的搞笑影片、攻略玩法。

【案例解說】賈桂琳（阿龜）是位成功 TikToker；2021 年 4 月也因為個人特質接到 Pizza Hut 的廣告邀約，成功地在 TikTok 播放，短短一週即有 13 萬流量。這也顯示，國際性大品牌已經將廣告預算慢慢撥往 TikTok 這個極具競爭力的平台了。

參考案例

有價值觀

「有價值觀」指的是帳號內容所體現的價值觀，與目標用戶群體的價值觀形成契合，能夠獲得粉絲的認同。就像 TikTok 臺灣與香港執行長所說的，短視頻「要著重在分享與參與」、「共鳴、有用、有趣、有節奏感」，這是一種微小又強大的愉悅與滿足，特別是當從這麼短的影音中得到的回饋與熱情，是網路世界親近潛在對象的第一步。

簡短、不需特別專業、大量且群聚化，大大降低非專業人士進入門檻，而且為一種誰都可以進入的草根性社群媒體。你也可以開始玩出自己的新態度！

【案例解說】樊登讀書是大陸抖音裡最成功的知識型創作者之一，也是我很喜歡的一位老師。永遠傳遞著正能量，除了說書，也成為很多家長諮詢如何教養小孩的知識型網紅。

參考案例

數據思維

Part 4

熱搜無權限，成功無上限

數據時代下，經營頻道都應講究「成效」，所有視頻都應能獲取數據資料，但能夠正確「解讀」數據的人少之又少，甚至連「累積數據」都是錯誤的方式。

換句話說，你正拿著錯誤的數據得到錯誤的結論，並執行錯誤的創作策略。本篇告訴你，在 TikTok 裡該如何取得數據，以及如何因應數據調整思考策略。

01

開通「專家帳號」，取得官方提供的基礎數據分析

關於在 TikTok 切換為專家帳號，可在二個地方看到視頻整體帳號的數據：

一、隱私設定 / 資料分析

◆ 以「財富小百科」帳號數據分析為例（圖 4-2）

在 2021/01/05 至 2021/02/01 的 28 天裡，共有 108 萬的流量；以一個在一年前還在坐辦公室的素人來說，成績應該算差強人意。

TikTok 官方在影片觀看次數，總共提供 7 天、28 天、60 天及自選期間的數據，點到柱狀圖的每一根柱子，還可以看到當天的總流量。

◆ 以「財富小百科」粉絲數量為例（圖 4-3）

粉絲數量在 28 天裡大約增加 2,800 人，平均一天增加 100 人；對比娛樂型的主播來說，這個數據不算優質，

圖 4-1 開通「專家帳號」三步驟

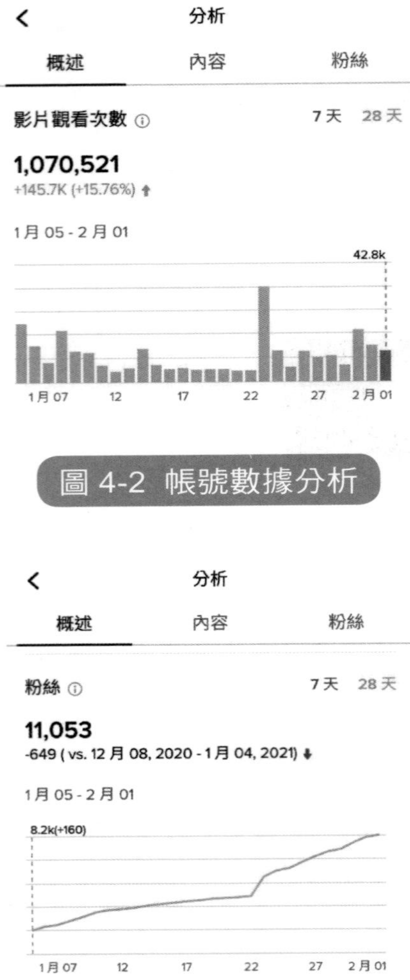

圖 4-2 帳號數據分析

圖 4-3 粉絲數量

但以知識型的主播來說，數據尚可。

當粉絲數越多，加乘效果會更加明顯；一天 100 人的速度，一年就可達到 3 萬至 5 萬粉絲，而且知識型的粉絲忠誠度是明顯高於娛樂型。

◆ 以「財富小百科」帳號內容為例（圖 4-4）

內容方面，可看出最近 7 天流量，主要集中在哪個視頻；以上面四個視頻來看，主要集中在股市方面。由於當時全球股市處於高檔，再加上用戶最近股市的表現，所以此類素材就是首選。

◆ 以「財富小百科」帳號受眾為例（圖 4-5）

因為這是財經頻道，所以粉絲主要是男性；隨著粉絲數的增加，男性比例由 76% 在兩個月裡增加到 78.5%。

◆ 以「財富小百科」帳號的粉絲地區為例（圖 4-6）

TikTok 是抖音的國際版，但頗令人意外的是，粉絲來自馬來西亞及美國的比例如此之高。

◆ 以「財富小百科」帳號的粉絲活躍時間為例（圖 4-7）

粉絲活動的時間，協助我們瞭解粉絲喜歡的上線時段。我和友人比較過粉絲活動的時間，大相逕庭；友人主要是母嬰帳號，粉絲活動時間和我的數據差距很大。

建議在發佈視頻的時間，就可以參考這個數據，因為 TikTok 的推播機制，若是在個人 IP 的粉絲大量觀看時發佈視頻，有較高的機率可以同時獲得四大指標（完播率、點讚率、評論率、轉發率）的加持，這是視頻流量的很大助力。

二、個別視頻的數據分析

◆ 以「財富小百科」帳號的單一視頻為例（圖 4-8）

這是我的視頻（2021/01/12），當時的粉絲數是 7,500 左右。流量來源類型裡，「個人主頁」及「關注」加起來 52%，代表 7,500 位粉絲裡，有 1,490 位粉絲看過這個視頻，換算下來，等同於 20%的粉絲看過此視頻；若這是 Facebook、Instagram 或 YouTube 的數據，已經算是不錯的表現（現在表現最好的 YouTube，百萬級網紅的視頻很難有 10%以上的粉絲去看）。

TikTok 還幫忙推送了 1,375 位來看視頻，2,865 人看過減掉 1,490 位原粉絲，這就是 TikTok 最獨特的一點；因為 TikTok 會提供初始流量給用戶，以用戶的實際回饋（四大指標——完播率、點讚率、評論率、轉發率），配合大數據來評估視頻的優劣，再決定是否推播更多的流量給這個視頻。由上述案例，可看出 TikTok 對創作者是一個友善的平台，它不是依靠舊粉絲來提高視頻流量。

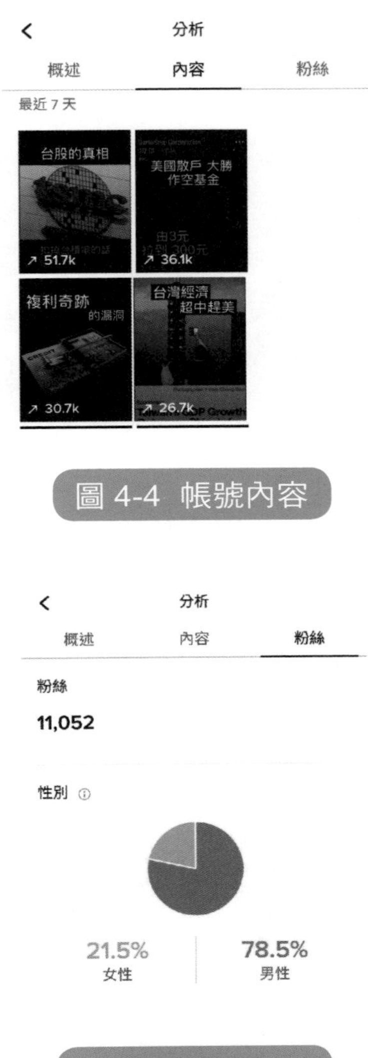

圖 4-4 帳號內容

圖 4-5 帳號受眾

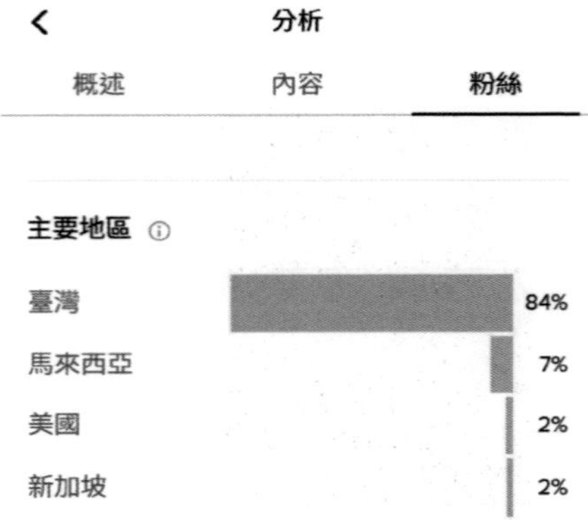

圖 4-6 粉絲地區

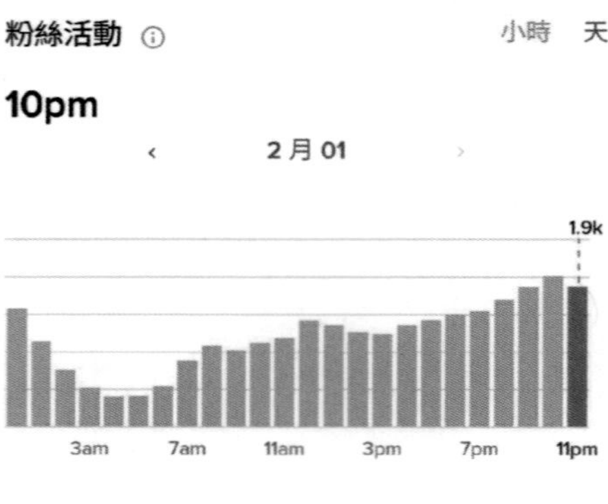

圖 4-7 活躍時間

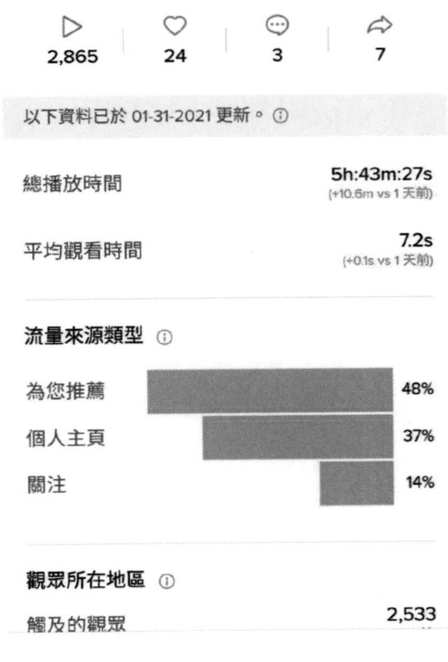
2,865
24
3
7
以下資料已於 01-31-2021 更新。
總播放時間
5h:43m:27s
(+10.6m vs 1 天前)
平均觀看時間
7.2s
(+0.1s vs 1 天前)
流量來源類型
為您推薦
48%
個人主頁
37%
關注
14%
觀眾所在地區
觸及的觀眾
2,533

圖 4-8 單一視頻

02

浪尖上的好手：我們來看看成功案例！

「TikTok 創作者培育計劃」是由 TikTok 官方發起，為了幫助有夢想成為創作者的用戶，所打造出的創作者成長體系。

TikTok 創作者可以獲得 TikTok 官方經營指導及海量資源支持，透過 TikTok 階梯式的創作者培養體系，化身浪尖上的好手，成為繼 YouTuber 之後更「潮」的影音網紅。

官方認證：TikTok 創作者培養計劃

因此，想要踏上浪尖，成為 TikTok 創作者的用戶，在符合申請條件的情況下，可以直接透過申請按鈕申請成為 TikTok 創作者。

同時，TikTok 官方也會不斷尋找有潛力的用戶發送創作者邀請函。（以上為 TikTok 官方訊息）

自從 2018 年 TikTok 進入臺灣市場以後，2020 年 3 月開始推出「創作者培養計劃」，將創作者分為三個等級。這邊就來看看成功晉級的各種需求及條件：

一、銀牌創作者

申請條件

◆ 條件 A

——創作者年滿 18 歲

——累積發佈 1 支及以上公開影片

—— 60% 以上影片內容專注在同一內容分類

—— 60% 以上影片質量符合優質影片標準

◆ 條件 B

——創作者年滿 18 歲

—— YouTube ／ Instagram ／ Facebook 任一平台擁有超過 5 萬粉絲

——創作者上述平台創作內容在所屬類別裡有高質量並展現出高水平創造力

◆ 滿足 A、B 任一類條件的全部要求均可進行申請

獲得利益

◆ 資源支持

——優先曝光機會

——官方活動提前知曉及優先展示機會

——官方經營帳號推薦機會

◆ 內容輔導

——官方運營協助內容規劃

——官方經營技巧分享

——長期一對一內容輔導

維持條件

◆ 每兩個月上傳至少 2 支所屬內容分類公開優質影片

二、金牌創作者

申請條件

◆ 條件 A

——創作者年滿 18 歲

——累積發佈 10 支及以上公開影片

——60% 以上影片內容專注在同一內容分類

——60% 以上影片質量符合優質影片標準

——累積創作 10 支觀看達到 1 萬及以上的影片

——累積獲得 1 萬及以上粉絲數

◆ 條件 B

——創作者年滿 18 歲

——YouTube ／ Instagram ／ Facebook 任一平台擁有超過 5 萬粉絲

——創作者上述平台創作內容在所屬類別裡，有高質量並展現出高水平創造力

◆ 滿足 A、B 任一類條件的全部要求均可進行申請

獲得利益

◆ 資源支持

——優先曝光機會

——官方活動提前知曉及優先展示機會

——官方經營帳號推薦機會

——觸達 5 萬以上影片定向推播機會 1 次／月

——觸達 5 萬以上影片創作者專題推薦頁面 1 次

◆ 內容輔導

——官方運營協助內容規劃

——官方經營技巧分享

——長期一對一內容輔導

外部合作

◆ 公關品優先錄取

◆ 品牌合作機會

維持條件

◆ 每兩個月上傳至少 4 支所屬內容分類公開優質影片

三、鑽石創作者

申請條件

◆ 條件 A

——創作者年滿 18 歲

——累積發佈 20 支及以上公開影片

—— 60% 以上影片內容專注在同一內容分類

——60% 以上影片質量符合優質影片標準

——累積創作 10 支觀看達到 5 萬及以上的影片

——累積獲得 5 萬及以上粉絲數

◆ 條件 B

——創作者年滿 18 歲

——YouTube／Instagram／Facebook 任一平台擁有超過 20 萬粉絲

——創作者上述平台創作內容在所屬類別裡有高質量並展現出高水平創造力

◆ 滿足 A、B 任一類條件的全部要求均可進行申請

獲得利益

◆ 資源支持

——優先曝光機會

——官方活動提前知曉及優先展示機會

——官方經營帳號推薦機會

——觸達 10 萬以上影片定向推播機會 1 次／月

——觸達 5 萬以上影片創作者專題推薦頁面 1 次

——首頁橫幅及 App 啟動頁展示機會

◆ 內容輔導

——官方創作協助內容規劃

——官方經營技巧分享

——長期一對一內容輔導

◆ 外部合作

——公關品優先獲取

——優先品牌合作機會

◆ 身分認證

——創作者身分認證

維持條件

◆ 每兩個月至少上傳 6 支所屬內容分類公開優質影片

成功案例全剖析：站在巨人肩膀，一起往前衝！

「選擇，遠比努力重要。」我們必須瞭解這句話的真正意涵。

選擇是一種能力，很多人會被自己的知識綁架，拒絕或無法接受不同於自己既有的看法。當你敞開心胸，接受外界所傳遞的訊息，真正地瞭解它，再做出選擇，比起一開始只知道枝微末節就武斷地排斥，將會為自己帶來更多的選擇及可能性。

2019 年底接觸到 TikTok，我也一度懷疑這樣的品質似乎難登大雅之堂，然而一旦開始使用這個平台，就會不自覺「上癮」！

原本從事著財務工作的我，主要協助公司各部門優化流程，竟一頭闖進自媒體的創作之路。出於職業習慣，除了創作，進而研究 TikTok 的商業模式，並且為其彙整一套創作攻略（SOP），過程中也培育出不少創作者，在短短數週之內順利取得 TikTok 官方認證銀牌培訓資格，更因此鼓舞著我，不只篤定前路，還更進一階，成立「勁牛學院：網路自媒體趨勢工廠」，擴大推廣百萬流量的變現術，搶佔藍海社群，共創職涯新高峰。

以下，分享個人及輔導幾個官方認證創作者晉級的心路歷程。

一、財富小百科 × 鎖定小資族的理財好幫手

- 網址：https://vt.tiktok.com/ZSJYxBWUY/
- 開站日：2020/02/26
- 達到銀牌：7 週

財富小百科
@financing_investing
247
關注中
13.6K
粉絲
65.9K
讚
編輯個人資料
財經：提供財務知識，觀念；
避開投資陷阱，套路。
自媒體：TikTok是趨勢，不要懷疑；領先二步是先
烈，領先一步是先驅。
學習交流社群：利他是更高層次的利己。
提個問題吧

圖 4-9 「財富小百科」頁面示意

圖 4-10 「財富小百科」頁面示意

2020 年 2 月 26 日開始 TikTok 創作，在摸索中成長；開始經營「財富小百科」時，以圖文加上音樂的方式呈現視頻，提供會計、財務等專業知識予用戶，幸運地在同年 4 月即獲得 TikTok 邀約申請銀牌創作者，5 個工作天即入選為銀牌創作者。

2020 年 4 月，成為第 102 位官方核准的銀牌創作者，到 2021 年 3 月將近一年的時間，只有 133 位 TikTok 官方核准的銀牌以上創作者；增加的 21 位創作者中，另有 5 位官方創作者是由我協助達成。

2020 年 6 月，開始陷入和其他創作者一樣的困境，因為持續付出並沒有得到相對的回報；TikTok 也沒有任何獲利的管道，不少優質的官方認證創作者因為無法獲利而退出 TikTok。

由於會計財務出身，對數字的敏感度極高，開始研究中國大陸抖音，蒐集很多數據，才發現 TikTok 簡直是當年 Facebook 的翻版，甚至於未來發展更甚於當年的 Facebook；同年，除了輔導 4 位創作者達到銀牌認證，也開始將所學建立一套 SOP。

創作者想達到官方認證並不難，只要知道方法，再來就是持之以恆，堅持你原本所相信的事，持續創作，貢獻價值給平台及用戶，時間將會證實一切。

二、博思健康講壇 × 健康路上不可或缺的好夥伴！

◆ 網址：https://vt.tiktok.com/ZSJYxtCUF/

◆ 開站日：2020/07/20

◆ 達到銀牌：6 週

圖 4-11 「博思健康講壇」頁面示意

「博思健康講壇」是博思智庫股份有限公司所建立的一個專業的健康帳號，所有的內容都是由醫生、心理師、養生達人等親自主講的專業知識。

博思智庫（Broad Think Tank）是一家綜合性出版社，出版範疇囊括養生保健、生活品味、心理勵志、旅行休閒，將各種深具趣味、富含意義的事物介紹給讀者，書系包括：「美好生活」、「預防醫學」、「世界在我家」、「GOAL」、「Fika」等。

網路訊息太多，很難判斷真偽，透過醫療專業人士的專業分享，包括：石英傑醫師、謝登富醫師、陳佳宏醫師、呂敏吉醫師、沈瑞文醫師、鄭煒達醫師、歐瀚文醫師、莊武龍醫師、蔡惠芳社工師／心理師、林怡芳護理師、汪慧玲護理師、陳品洋中醫碩士／自然醫學博士等人，共同呈現健康衛教資訊。

藉由 TikTok 短視頻一分鐘瞭解一項專業知識，將每個人碎片化的時間充分運用，相對於查找 YouTube 或 Google，節省不少時間。也因此，「博思健康講壇」在 5 週的時間內，即在我的協助下得到 TikTok 官方認證的銀牌創作者。

三、張瑜良 Design × 好宅設計，美好居家滿分提案

- 網址：https://vt.tiktok.com/ZSJYQPygw/
- 開站日：2020/07/06
- 達到銀牌：6 週

← 張瑜良Design 美日設計 幸福...

@niceday202007

4	3287	22.7K
關注中	粉絲	讚

訊息

美學設計科班出身，師承後天派陽宅學
20年完整執業資歷
成就質感格局 x 完美氣場 x 風格選物的幸福論
建築空間設計職人
幫你打造空間與人的滿分提案

圖 4-12 「張瑜良 Design」頁面示意

大部分的人一輩子可能只有買賣一次房子的經驗，但房子的總體價格卻有可能佔據了一輩子收入的三分之一左右，住在房子裡的時間，也佔了一天 24 小時的三分之一。由此可知，裝修房子的知識可謂重中之重。

美日設計創辦人張瑜良透過書籍出版，與讀者開啟「家的對話」，同時間，對於新事物永遠抱著學習態度，瞭解 TikTok 的確可以為他的事業提升到另一階段，馬上全心投入創作。張設計師的專業無庸置疑，但 TikTok 這個新平台的運算機制獨特，剛開始也沒有獲得太多關注，經過我和張設計師的溝通，加上張設計師在陽宅催吉方面的專業，短短不到 5 週就獲得 TikTok 官方認證創作者的門檻。

2021 年 4 月，張設計師著手參與 TikTok 官方認證創作者才能加入的挑戰賽，挑戰賽內容運用先前出版品《家的對話：好宅設計，美好居家滿分提案》，一來延續宣傳效果，二來更因此獲得將近 7 萬的流量。

參考案例

四、designer_hsianghsiang × 設計師瓖瓖

◆ 網址：https://vt.tiktok.com/ZSJYQxryH/

◆ 開站日：2021/02/07

◆ 達到銀牌：5 週

圖 4-13 「designer_hsianghsiang」頁面示意

身為年輕的設計師，想在競爭激烈的室內設計紅海市場脫穎而出，可說相當不容易。經由共同朋友介紹，認識這個文靜又有想法的小女孩瓖瓖，也在課程中及課程後看到她不同於常人的堅持。

瓖瓖創設「designer_hsianghsiang」，與所有培育過的官方創作者一樣，前幾個視頻總是介於 100 至 200 個流量之間，一路到第六個視頻，仍然處於低流量，投入大量時間和心血，卻得到令人失望的結果。我和瓖瓖針對舊視頻討論，同時針對腳本角度的重新設定。果不其然，自第七個視頻上架後，一路衝到 5 萬流量，連帶將之前視頻的流量也帶起來了。

幸運的事情發生了，兩天後隨即收到 TikTok 的官方邀請成為「銀牌創作者」，榮登 7 個工作天就獲得銀牌創作者的殊榮。

來自 TikTok 官方認證
創作者的見證

官方創作者再升級，面臨轉向的必要性

數據時代，經營頻道都應講究「成效」，抖音、TikTok 不同於市場既有平台，深入研究 TikTok 商業模式，令人驚訝地發現內容包羅萬象，大大提高人們的黏著度，許多數據都看好其「錢景」與未來性，預示著 TikTok 將成為日常不可或缺的一部分。

每個平台隨著時間都必須轉型，TikTok 由「娛樂型」平台已開始轉往「知識型」平台，2020 年 3 月 TikTok 建立官方認證創作者就是以長遠考量來評估。因此，審查的嚴謹度不在話下，截止於 2021 年 3 月 25 日止，才核准了 133 人為官方認證創作者。

2021 年 1 月 30 日，抖音成立一個平台──「學浪」，一個智能教導 App，採用新穎的教學方式，讓用戶能夠更好地掌握知識點。由此可證，所有趨勢都在導向知識型創作者的前路，重要性不可言喻。

TikTok大時代

Part 5

人人都可以是流量達人

「流行文化不再是由廣播或電視主導，或少數明星稱霸，而是上千YouTube、Instagram、TikTok的網紅（Influencer）及千萬名忠實的追蹤者來決定。」DigiTour Media共同創辦人暨CEO羅哈斯（Meridith Rojas）寫道。

能夠創作好內容的「達人」，就是TikTok用來開拓市場的祕密武器，將成為開創商機的「微網紅」（Micro-influencers）。

01

TikTok 達人，到底「達」在哪？

「達人」作為網路常用語，最早從臺灣開始流行，源於日語的 Kanai，一般指的是在某一領域非常專業、出類拔萃的人物。這個稱呼被網友所喜愛，逐漸成為流行用語。

TikTok 達人四大指標

「TikTok 達人」即指那些 TikTok 玩得好、帳號達到一定粉絲量級的創作者，以下數據提供參考：

粉絲量

因為粉絲量越大的達人，他們的 IP 價值越高，流量號召力越強，但這也意味著高昂的投放成本。

活躍度

達人雖然積累了一定的粉絲量，但若更新不夠頻

TikTok改寫使用者行為

○ 直式拍攝及瀏覽	使用者可像瀏覽動態消息，手指上下滑動來瀏覽影片。
○ 鼓勵使用者互動	各式工具如「回應」或「合拍」影片增進使用者互動。
○ 強大的主題標籤 (Hashtag)	針對各種「#挑戰賽」、話題、活動、濾鏡，讓平台有源源不絕的話題。
○ 拍攝影片不怕沒靈感	使用者可應用TikTok上無數的流行及原創音樂, 拍攝影片或自創內容。
○ 提供個人化的影音推薦	個人化的影音推薦，針對每個使用者的喜好推薦內容。

表 5-1 TikTok 改寫使用者行為

繁，很有可能導致帳號被降權，所以活躍度也是考察指標之一。

帳號 IP 屬性

有的達人是靠幾個蹭熱點的爆款視頻，迅速積累起了粉絲，但是這些粉絲可能並沒有實在價值，因為這種達人沒有建立自己的 IP，沒有人設和領域垂直度，自然無法在某一領域形成號召力，無法真實影響到某一個領域的消費群體。

平均點讚量

同上一條類似，靠蹭熱點或運氣，一時形成的爆款視頻，不足以證明這個帳號的整體水平。但如果一個人的視頻平均點讚量超過 1 萬，表明達人的內容品質相對穩定。

點讚量是未來商家邀請 TikTok 達人代言的重要考量之一，代言也是未來 TikTok 達人的收入來源之一。

品牌方考察自身青睞的達人資料後，會再考量達人與自身品牌的契合度。一是領域契合度：一般來說，顏值類達人、歌舞類達人、情景劇類達人勝在百搭；垂直細分領域的達人，則勝在專業領域的號召力，比如萌寵達人、健身達人、汽車達人等。二是調性契合度：指的是達人的調性與品牌本身或品牌投放的活動調性是否匹配。比如品牌本身是屬國際調性，TikTok 達人若為草根屬性，自然較不受青睞。

達人＋達人＋創意＝無限

TikTok 平台的個性化推薦機制，以及豎屏沉浸式的用戶體驗，會自然產生「流量槓桿效應」，意即達人發佈的內容，不侷限於其粉絲看到，而是能通過創意的加持，產生更強的作用。我們可以通過創意 UGC（User Generated Content，用戶創造內容）的方式，讓創作者的內容，和更多的用戶展開互動、擴大聲量，如果達人的內容是簡單易模仿，那麼很多用戶就會願意跟進，從而形成「達人＋達人＋創意＝無限」的效果。

換句話說，找達人進行合作，目的是擊穿圈層，輻射到更廣人群、實現流量聚合。除了選擇達人進行創意 UGC 產品投放外，創作者還可選擇熱門話題產品。熱門話題具有如下利於品牌宣傳的特徵：

- 多 IP 聯動覆蓋人群廣，魔性傳播更具模仿爆點
- TikTok 用戶重度聚集區，開啟流量「自來水」模式
- 非廣告模式，內容原生聚合呈現，品牌自然表達

02

剁手、博眼球，明星也熱切小螢幕

抖音裡玩得溜的明星們，當下代古拉 K、七舅腦爺、黑臉 V 等抖音社區的「一線」大咖星光熠熠，視頻內容無論是一個笑容、一聲問候、一個比心，都能在兩億多抖音日活躍用戶海洋中掀起浪花。反觀部分在抖音上開設個人號的明星們，卻博不了眼球。

有人說，圈層影響、推薦機制，讓原本靠著作品慢慢積攢人氣的明星失去了「優勢」，外來的「和尚」也念不好抖音這本經，事實是否如此呢？其實不然。

抖音的推手，將其推至熱潮

將時間線拉回到 2017 年 3 月，音樂、潮酷是抖音當時的標籤，內容的個性化，限制了其領土的擴張，反應並不強烈。讓其火箭般前進的加速器之一是岳雲鵬在微博上轉發的一條模仿者的視頻，視頻下方，抖音 logo 閃閃發亮。抖音慢慢浮出水面，早先沉澱打磨的優質個性化內容，也被傳播開來。抖音通過明星，向外敞開了大門。

當時抖音依靠當地語系化的內容，還是無法讓挑剔的互聯網用戶走進門來，開渠引水這項任務，需要明星群體幫扶。2017 年夏天，最火的綜藝節目《中國有嘻哈》，帶著抖音出現在大眾面前。每期都伴隨著不下 5 次的抖音推廣。節目的個性化、年輕化高度契合抖音社區的調性，這些動不動就情緒「暴走」的未來之星們，幫助抖音插上了飛騰的翅膀。

明星微博引流、綜藝節目冠名，讓抖音快速走進了大眾視野。儘管當時抖音粉絲已經不少，然而在圈層內閃閃發光，為其開疆拓土，明星依舊是厥功至偉。伴隨著抖音商業化進程，平台裡面隔三岔五就有明星進駐。這意味著圍繞明星的粉絲大軍們，開始從抖音管道瞭解偶像近況，況且還是以豎屏視頻的形式，這種沉浸式體驗，是其他 App 無法替代的。

抖音上的明星，經過時間的沉澱，也慢慢摸索出了自己的抖音新人設，玩得溜的明星開始向頂端紅人發起「攻勢」，而且勢不可擋。

曬寵女神周海媚

周海媚的粉絲都知道，她在 2019 年 6 月份的時候開通了抖音號，愛吃美食、愛好萌寵、認真工作，抖音上的周海媚讓人看到了藝人的另一面：遇到好吃的美食，不顧形象一口吞，露出小女生滿足的表情；廚藝高超，時不時露兩手，教大家如何包廣式粽子；不僅愛養寵物，外出時童心未泯，給土撥鼠投食，樂在其中；工作休息的間隙，調皮地用餐巾紙遮住鏡頭，毫無偶像包袱……。

另外，周海媚在抖音上發佈了一條素顏逛超市的短視頻，非常接地氣。在短視頻中，周海媚穿著一件白色衛衣、戴著咖啡色框的眼鏡，不管是拿著海苔還是優酪乳等食物，整個過程都表現得非常可愛。

在視頻中周海媚還戴上了一些可愛的道具，比如貓耳朵等，看來對抖音的玩法已經瞭若指掌。最重要的是儘管以純素顏的狀態出鏡，但是女神看起來元氣滿滿。很多抖音粉絲驚呼周海媚少女感十足，一些評論如「真Q呀！天后！」、「有幾個鏡頭我覺得是大學生，演技派女神」等，都獲得了高讚。

周海媚本人，經常在抖音上發佈一些與美食、萌寵、工作相關的內容，而且大多時候都是素顏出鏡，可能是很多用戶在抖音上看過最敢拍生活日常的明星。還有粉絲表示，自從有了抖音後，感覺自己離明星更近了。

因為大部分女明星，在過了一定年紀後，就退出影視圈相夫教子，而周海媚依舊在奮鬥，這種敬業精神非常值得欽佩，而且能貫穿兩、三代人的記憶，本身就足以成為傳奇。周海媚還出任了北京市戒菸宣傳大使，以自身的行動，投入到公益事業中，為廣大用戶傳播正能量。

「捧臉殺」迪麗熱巴

如果說綜藝感和抖音有著天然的親近性，羅志祥佔據了天時、地利的話，迪麗熱巴則靠顏值這個利器，擄獲了抖音用戶的心。初入抖音，迪麗熱巴便以電視劇中的熱門橋段開創了「捧臉」熱潮。

作為 90 後「當紅明星」，迪麗熱巴可「呆萌」、可「戲精」的性格，使她自帶「抖音」體質，加上本身具有辨識度的超高顏值，搭配精靈古怪的性格，深受年輕人的喜愛，並且「男女通吃」。迪麗熱巴在 2018 年年初入駐抖音，善於使用原聲、抖音貼紙進行賣萌和搞怪，與其人設高度吻合。

電視劇《烈火如歌》中，男主托著女主的臉，這個片段迅速在全網走紅，迪麗熱巴在抖音上將此片段生活化，因為主題突出、用戶參與零門檻，迅速引發抖友跟風，#烈火寵溺捧臉殺話題，播放次數高達 3 億多次。截至 2018 年 9 月，她共發佈 10 支抖音視頻，頻率較低；

但每支視頻的點讚量平均在 200 萬以上，其中點讚量在 1 千萬以上的視頻有 3 支。抖音帳號總粉絲量 4,627.6 萬，獲讚數高達 7,881 萬個！

除了上述明星之外，其他明星也都以不同的方式進駐抖音。抖音的新年紅包 AR 貼紙，常駐明星包括李宇春、楊洋、周冬雨等，都來給螢幕前的「抖音寶寶」們發紅包，抖音沉浸式的體驗優勢，再次彰顯無遺；佟麗婭、雷佳音隨《超時空同居》同名挑戰賽空降抖音，給影片票房一針有利的強心劑；黃渤帶著他的處女作《一齣好戲》來到抖音，攜手超級網紅辦公室小野，跨界宣傳；大張偉以音樂人的身分，帶來抖音主題曲《不服來抖》，宣傳搞怪兩不誤；王力宏為「龍的傳人 2060」巡演，創作風靡抖音的《南京，南京》……。

明星們也在為了作品、為了粉絲、為了流量適應著互聯網的瞬息萬變，在流量為王的當下，無論是線上廣告、線下商演，抖音都是推廣行銷的優質平台。可以預見，隨著抖音的商業化與社交的發力，明星將越來越多聚集於此。

劉德華在 2021 年 1 月 22 日進駐中國大陸抖音，之前，劉德華從未使用過任何平台，終於在 2021 年在抖音開帳戶了，幾乎所有中國大陸及香港明星都早已進駐抖音了。截至 2021 年 2 月 2 日為止，短短 12 天，劉天王獲得抖音粉絲 5,250 萬。

回頭來看 TikTok，蕭敬騰、林俊傑、蔡依林等一線明星，也都已紛紛進駐 TikTok。

劉德華是後知後覺者，但天王不愧是天王，一進駐就馬上成為抖音第一名，也自然是抖音扶持的對象。我們是一般人，無法獲得像天王一樣的待遇及成果，但成為先知先覺者，可以率先搶佔 TikTok 未來的紅利期。

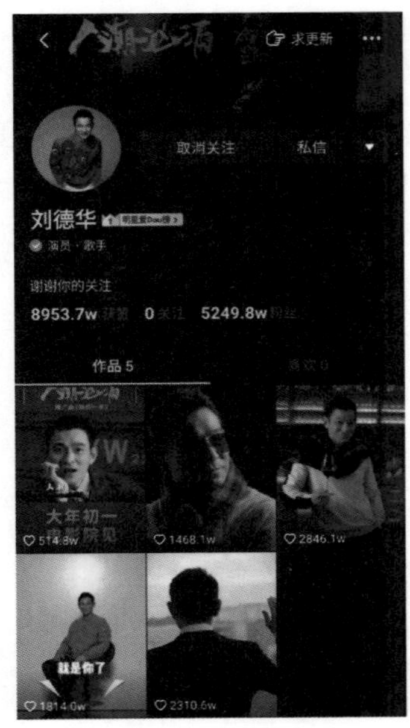

圖 5-1 劉德華抖音帳號案例

圖 5-1 劉德華抖音帳號案例

03

巨流商機挑戰賽：品牌方為行銷賦能

抖音在中國大陸月活躍用戶破 5 億，這一最新資料，讓人看到抖音在市場保持高速驚人的潛力。用戶在哪，流量就在哪，隨著抖音藍 V 企業認證的正式開放，品牌方們意識到，其中潛藏巨大流量的同時，也希望通過創作官方抖音帳號來抓住這波紅利。對於品牌方來說，抖音藍 V 企業認證號，相當於企業在抖音的陣地。它能夠說明企業傳遞業務資訊，與用戶建立互動。

挑戰賽是抖音上聚集流量的一種常用玩法，打開抖音發現，頁面可以看到前邊加「＃」的挑戰，（品牌與抖音官方合作）或話題（企業抖音號自行發起）。大部分挑戰賽都有達人或明星表演的示範視頻，這些視頻帶動 UGC 跟風，不斷在話題下彙聚其他優質視頻，形成流量聚集。

借勢熱門挑戰賽標籤

首先讓我們來看一組榜單，這些抖音企業號之所以能上榜，是因為他們會在發佈視頻時，借勢熱門挑戰賽標籤，擴大品牌影響力，讓更多抖音上的用戶注意，從而達到吸粉獲讚的目的。

主動發起挑戰賽

以電商企業為例。截至 2018 年 11 月，蘇寧易購與抖音合作了 4 場超級挑戰賽，包括春節 # 新年的我紅到膨脹（4 億播放量）、世界盃的 # 球進了進了進了（8.2 億次播放量）、# 818 說出你的願望吧（20 億次播放量）、雙 11 的 # 舞動廣場之巔（23.2 億）等。

2018 年 2 月，抖音尚未經歷春節噴井式增長之前，蘇寧易購就敏銳地發現了抖音的增長潛力，結合自身春節膨脹紅包活動，發起抖音主題挑戰賽 # 新年的我紅到膨脹。

蘇寧易購攜手楊洋、江疏影、動漫形象胡巴，邀請粉絲挑戰膨脹 battle，用戶使用《膨脹吧紅包》歌曲，或「紅到膨脹」道具，創作符合抖音挑戰賽主題的視頻，即有機會獲獎。其中《大大大紅包》，音樂在春節期間使用量超過 17 萬，定製紅包貼紙使用量超過 15 萬。明

圖 5-3 借勢熱門挑戰賽案例

星江疏影發佈的視頻當時累計獲得了 197.4 萬點讚、2.8 萬評論和 2.5 萬分享。這場挑戰賽，被抖音官方作列為挑戰賽經典案例，並在四月舉行的抖音年度行銷峰會上，進行重點宣講。

蘇寧易購是最早借助互動貼紙，做置入的品牌方之一。抖音提供的動態人臉識別技術，幫助品牌方展現理念和產品，有前景貼紙、背景貼紙等，讓用戶身臨其境。2018 年一季，效果最好的正是蘇寧易購的膨脹紅包。

因為當時正好趕上春節，大家都會發紅包，使得定製紅包貼紙的使用量，在短期內暴漲。面部識別蘇格拉寧貼紙，前景紅包貼紙等，採用了動態人臉識別，和圖像分割技術，這都是效果出眾的案例。

2018 年「818」期間，蘇寧易購與抖音挑戰賽，進一步加深合作。為了「818」期間，給用戶帶來更多的新鮮感和體驗感，雙方一起打造了一場「818」狂歡盛宴。8 月 16 至 18 日期間，蘇寧易購發起「818 說出你的願望吧挑戰賽」，讓粉絲說出自己的發燒願望，獎品則是冰箱、美味零食等。

具體玩法是使用「818」主題曲和貼紙，跳出「818」手勢舞，說出你的蘇寧易購「818」心願，蘇寧易購將選出錦鯉，實現粉絲的願望。

抖音達人方面，包括楊恆瑞、開掛的貓兒歪、小芊語、吳佳煜、豬豬俠等都有參與，通過 KOL 的示範和錦鯉玩法，引發用戶的大規模參與和模仿。最終有超過 48 萬用戶參與，也讓蘇寧易購「818」深入人心。2018 年雙 11 期間，蘇寧易購抖音挑戰賽繼續升級。「舞動廣場之巔」結合「網上街上蘇寧」的品牌 Slogan，與蘇寧易購廣場舞比賽形成「線上線下」雙線聯動，最大限度發揮品牌優勢。

用戶使用廣場舞貼紙和指定音樂，跳出廣場舞即可參與，低門檻和有趣的內容引發新一輪用戶狂歡。本次抖音突破 23.2 億次播放，遠超同期挑戰賽效果，實現了雙 11 期間的流量突圍。從蘇寧易購的 4 場超級挑戰賽看出，品牌方玩轉挑戰賽有三大策略驅動全民關注，包括事件（「818」、「雙 11」）、關鍵人物（江疏影、楊洋及多位達人），以及創意（熱門話題）驅動。

這裡需要強調的是，創意話題最好能承接品牌理念，並以低門檻的挑戰方式，激發用戶模仿參與。

結語

共襄盛舉，在 TikTok 的浪尖上再創事業高峰

全球共有 226 個國家，TikTok（2017 年 9 月成立）只花了 3 年多就有超過 150 個國家使用 TikTok 平台，月活躍用戶超過 8 億人使用 TikTok。

臺灣目前將近 300 萬 TikTok 用戶中，截自 2021 年 3 月 15 日為止，共有 133 位合格的創作者，這證明幾件事：

一、TikTok 官方認可的創作者門檻不低，很多創作者流量高，但創作的內容不具專業性，進入門檻低；帥哥美女對視頻肯定是加分的，但若只是這個因素則較不具有獨特性及價值性；你帥（美），未來一定有更帥（美）的，能提供平台價值的人才有可能成為合格的創作者。

二、目前很缺創作者，尤其是優質的創作者，能提供價值的創作者才能雀屏中選讓官方核准；不少人私訊我為何他（她）流量大，粉絲都超過 5 萬，甚至於有的創作者都達到 20 萬粉絲了，

申請官方創作者仍無法入選，成為官方創作者的原因大多一樣，但無法成為官方創作者的原因每個都不一樣。

三、以 133 位認證創作者對比用戶 300 萬人，不成比例；前文用各種角度說明 TikTok 將是未來 10 年最成功平台之一，可見成長空間之大；況且在真正讓參與者能夠獲利的模式都還沒開放的情況下，現在不加入，難道要等到平台成熟到像如今的 Facebook 一樣，才要加入嗎？

TikTok 將成日常不可或缺？

2021 年 2 月，TikTok（抖音）的創辦人張一鳴在公開場合提到，TikTok 將由娛樂平台，轉化為社交管道，進而成為使用者不可或缺的平台。

在臺灣，我可以不用 Facebook 來社交（改用 Instagram），可以不用蝦皮買東西（改用 PChome），但無法不用 LINE，因為我們的朋友、工作都需要使用 LINE，它無法被取代。TikTok（抖音）雖然成立時間不久，但進化非常快速。

今年（2021 年）在中國大陸主打在地化，要讓在地店家好好在抖音上面創作。抖音的搜尋次數在 2021 年 2

月達到 6 億次，首次超越「百度」。抖音也瞄準「通訊」功能，準備和微信一決高下。所有的成就，都在打造「抖音」成為不可或缺。TikTok 將會跟著抖音的腳步，而且會繞過抖音走過的彎路。

TikTok 的直播權限在最近四個月改了三次申請方式，抖內功能已經開放，現在就等購物車開放，畢竟是國際平台，TikTok 必須解決國際運輸的問題；一旦開放，TikTok 臺灣市場會有一波人蜂擁而至，臺灣的社交平台會重新洗牌。

Facebook 在臺灣或許有上千萬名使用者，Instagram 有數百萬，蝦皮、PChome……，每個平台都有自己的屬性，有其吸引使用者加入的誘因。用戶（創作者）為何要加入平台，主要目的就是要在平台這個公領域將用戶轉化到私領域，或許大家初期的確可以有不錯的轉化，但是仍有以下問題：

◆ 獲利模式太單一：在現在平台賣東西，就只能賣東西；時間一久，競爭對手越來越多，就變成低價競爭，要期待客戶有忠誠度，還不如想辦法將客戶拉到私領域。

◆ 很難二次轉化：初入平台或許能有不錯成績，但是第二次、第三次再放上你想要呈現的、想要銷售的東西，二次銷售就很難再有原有的流量（或銷售量）。

影音新趨勢，獲利模式未來可期

抖音（TikTok）解決上述的問題，現在的創作者在抖音上有 8 種以上的獲利模式，而且還在增加；現在的平台（Facebook、Instagram、YouTube 等）獲利的方式太少，而且經過 10 年以上的變化，變現更加困難，雖然這些平台已經開始增加用戶的獲利方式，但難度高，現在已經有不少的失敗案例，例如：Facebook 在 2018 年 10 月創立短視頻平台 LASSO，但已於 2020 年 7 月關閉平台，全球只有 30 萬名用戶。

針對 TikTok 目前內容，有不少雜音：大多都是搞笑的？很多美女，但似乎動作，內容都差不多？不少人談政治等等，的確都存在某些問題；還有很多內容都是由中國大陸搬運過來，應該有版權問題。

以上問題在抖音都發生過，這些都只是必經過程；任何平台的成長都不是一次到位。Facebook 創辦人祖克柏（Mark Elliot Zuckerberg）曾公開說過，若他知道 Facebook 會經歷這麼多事情及成長成這樣，他不可能會堅持下去。

全世界所有成功的大平台剛開始發展，都是免費模式，提供買賣雙方（用戶及創作者）一個平台，將平台用戶做大，要如何將平台用戶做大呢？就是睜一隻眼閉一隻眼。

賣方（創作者）能夠賺到錢，平台做大了以後，才開始測試獲利模式，等到平台真正大到一定程度（或者企業要上市），就必須要對這些有爭議的內容，做出一些調整。

以中國大陸的短視頻「快手」為例，在 2021 年股票上市之前，將很多搬運他人作品的用戶永久封禁，同時也封禁色情低俗、垃圾廣告、辱罵謾罵、惡意炒作、侵犯未成年人權益等等的不良帳號及內容。

所以，平台發展前期所「故意漠視」的情況，未來都會以不同形式消失；或許很多人不認同這樣的做法，但這是所有平台都會遇到的情況。綜上所述，只要認同 TikTok 是未來的趨勢，現在想在 TikTok 平台上運作，建立帳號前就要瞭解全貌，TikTok 不難瞭解，回頭看抖音的發展史就可窺見全貌。

長線思維，獲利穩紮穩打

事實上，抖音在 2018 年 7 月就清理 36,000 條視頻，並永久封禁近 4 萬個帳號；2020 年 1 月 6 日字節跳動安全中心（抖音）總共封禁 203 萬個涉嫌刷量作弊的違規抖音帳號，封禁 293 個擁有 100 萬以上粉絲的抖音帳號，封禁 4,638 個擁有 10 萬以上粉絲的殭屍帳號，封禁

17,000 餘個涉嫌黑心帶貨的抖音帳號。

在 TikTok，關於上面的事件，未來在臺灣也會發生。

讀到這裡，讀者應可以理解整個 TikTok 的過去、現在及未來；若要在 TikTok 上和平台共同成長，跟著平台的腳步走就好了，不要測試平台的底限，有些道理用邏輯就能弄懂，要有長線思維，現在用一些小手段或許有些短期的小利益，但不久的將來隨著平台的壯大，這些打著擦邊球的帳號不會長久，獲利也不會像穩紮穩打，跟著平台一起成長的帳號那樣穩定。

新的平台會一直出現，但依前文的趨勢分析，TikTok 未來 10 年很難有競爭對手；領先二步是先烈，領先一步是先驅。

現在正是進入 TikTok 最完美的時機，有人說：「現在進來又沒有購物車，根本無法賺錢！」這句話是對的，但也是錯的。Facebook 剛開始的轉換率高達 70% 以上，10 年後的現在，Facebook 的轉換率已經低於 10%；10 年前花 100 萬可能有 1,000 萬的效益，現在花 100 萬可能只有 200 萬的效益。

早期進入可以享有絕對的優勢，所有的人都會認同；TikTok 是全球的短視頻龍頭，地位無法撼動；請大家共襄盛舉，一起在 TikTok 的浪尖上再創事業新高峰。

作者

蕭聰傑（HUGO）

學歷

英國赫爾大學（The University of Hull）財管碩士

專業經歷

勁牛學院聯合創辦人

TikTok 官方認證創作者

中華網紅自媒體發展協會常務理事

麥肯錫外聘稽核

美爽爽化妝品財務長

出版社財務顧問、理財顧問

ERP 導入系統整合

榮譽事蹟

TikTok 一個月百萬流量頻道：「財富小百科」

2020 年 2 月 26 日開始 TikTok 創作，在摸索中成長；開始時以圖文加上音樂的方式呈現視頻，提供會計、財務等專業知識予用戶，幸運地在同年 4 月即獲得 TikTok 邀約申請銀牌創作者，5 個工作天即入選為銀牌創作者。

2020 年 4 月成為第 102 個官方核准的銀牌創作者，到 2021 年 3 月將近一年的時間，只有 133 個 TikTok 官方核准的銀牌以上創作者；增加的 21 個創作者中，另有 5 個官方核准創作者是由我協助達成。

2020 年 6 月，開始陷入和其他創作者一樣的困境，因為持續付出並沒有得到相對的回報；TikTok 也沒有任何獲利的管道，不少優質的官方認證創作者因為無法獲利而退出 TikTok。

由於會計財務出身，對數字的敏感度極高，開始研究中國大陸抖音，蒐集很多數據，發現 TikTok 簡直是當年 Facebook 的翻版，甚至於未來發展更甚於當年的 Facebook；同年，除了輔導 4 位創作者達到銀牌認證，也開始將所學建立一套 SOP。

創作者想達到官方認證並不難，只要知道方法，再來就是堅持信念持續創作，貢獻價值給平台及用戶，時間會證實一切。

作者

周琦森

學歷

銘傳大學商管碩士

專業經歷

勁牛學院聯合創辦人

美業／醫美連鎖經營管理輔導顧問

凱斯整合行銷有限公司網路行銷技術顧問

Beauty Life 彩睫甲行銷總監

新北市線上數位協進會監事

中華網紅自媒體發展協會理事

新北市汽車美容人員職業工會理事長

相關專長

影片剪輯、腳本設計、影片曝光的社群行銷、市場開發

專案編輯

蕭聖穎

本書圖表設計者，喜歡並朝 Facebook 創辦人馬克・祖克柏（Mark Elliot Zuckerberg）這句話前進：「嘗試一些事，遭遇失敗後從中學習，比你什麼事都不做更好。」

企業品牌實戰心法　搶佔藍海社群TIKTOK

為什麼Facebook、Instagram、YouTube似乎只有大網紅賺到錢，
企業很難在國際平台獲得好處？

電視廣告太貴，網路廣告效果不好，
有什麼平台可以「行銷」我的產品？

為什麼我的FB粉絲有5,000人，
但是推播訊息只有100人看？

TIKTOK 獲利新模式

流量變現金

不必燒錢買廣告

送你免費流量

90%陌生客戶

TikTok（抖音國際版）就是你的解方

每個TikTok視頻就是免費的網路廣告，TikTok的每則優質視頻能夠吸90%以上的新客戶，TikTok是最佳「行銷」工具，且將自帶銷售管道，一次解決行銷與銷售問題！

抖音已經確定很成功，TikTok將會在臺灣快速推廣及變現。企業已錯過Facebook風光的黃金十年，面對眼前的TikTok趨勢，是否還要眼睜睜看著其他人跟上，而自己卻站在原地呢？「選擇大於努力！」每家B2C企業，都必須到平台的公領域去行銷，但為什麼成效不佳？

平台不對，努力白費。

品牌是最穩定的流量，TikTok的遊戲規則就是以品牌建立而制定的。企業主若找對平台、用對技巧策略，相信在未來十年絕對受益無限，九億人口的商機，搶先一步在藍海中獨佔先機。

TIKTOK官方銀牌創作者 教你創造四週百萬流量

勁牛學院為企業方設計一整套專業行銷課程，安排TikTok官方銀牌創作者蕭聰傑老師為企業包班，除了兩天密集的TikTok行銷課程外，緊接著三個月提供即時諮詢。

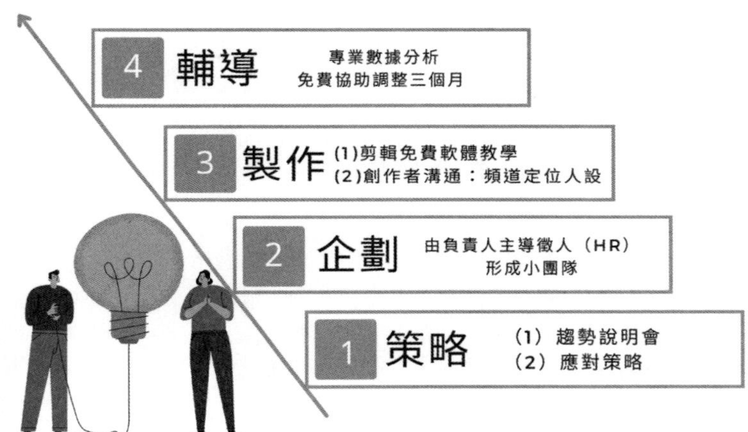

時間	課程內容	說明
第一天	TikTok運營重點整理	無用的操作說明 / 重點整理 / 套路解析
	影片呈現技巧	人設 / 風格 / 音樂等教學說明
	TikTok創作全攻略	系統機制 / 如何提升流量 / TikTok遊戲規則整理 / 四大審核．標準 / 流量判讀
第二天	剪映教學	理論加實作
	剪映完成作品	完成第一部影片

課程價值

協助企業在TikTok建立自媒體，無限制的在上面推播訊息

協助企業得到至今才130個TikTok官方認證培訓員資格

媒合網紅為企業代言的機會

勁牛學院官方網站

勁牛學院聯絡人

蕭小姐 0900-089357

Gmail：kinniucollege@gmail.com

創作者見證：相信專業 相信自己

設計師壤壤

感謝HUGO老師及阿SEN老師的協助，選對領門人很重要，每個人都有盲點，HUGO老師能很快協助我突破個人無法跨越的障礙，5週就獲得TikTok官方銀牌認證，大家趕快加入我們的行列吧！

張瑜良Design

TikTok確實為居家開啟新的對話可能，HUGO老師的指導與引流，順利將陽宅催吉的正確觀念傳遞給閱聽大眾，數週不到就成為官方認證創作者，迎向設計空間事業另一階段。

博思健康講壇

網路訊息太多，很難辨別真偽，透過製播醫療專業人士的健康主題影片，共同呈現衛教資訊，在HUGO老師協助下，5週內晉升TikTok銀牌創作者，落實預防醫學的美好期待。

珠寶小百科

上鏡頭是我的障礙，但HUGO老師竟然能協助我在不出鏡的情況下，短短5週就取得TikTok官方銀牌認證；我嘗試這麼多平台（Facebook、Instagram、YouTube）皆無法取得好的成績，感謝HUGO老師。

國家圖書館出版品預行編目 (CIP) 資料

流量為王！迎接 TikTok 時代：百萬播主實戰上線，TikTok 經營操作大公開 / 蕭聰傑、周琦森作 .-- 第一版 .-- 臺北市：博思智庫股份有限公司，民 110.05 面；公分

ISBN 978-986-99916-4-3(平裝)

1. 網路社群 2. 網路行銷

496 110004548

GOAL 38

流量為王！迎接 TikTok 時代

百萬播主實戰上線，TikTok 經營操作大公開

作　　者｜蕭聰傑、周琦森
主　　編｜吳翔逸
執行編輯｜陳映羽
專案編輯｜蕭聖穎
美術主任｜蔡雅芬
媒體總監｜黃怡凡

發 行 人｜黃輝煌
社　　長｜蕭艷秋
財務顧問｜蕭聰傑
出 版 者｜博思智庫股份有限公司
地　　址｜104 台北市中山區松江路 206 號 14 樓之 4
電　　話｜(02) 25623277
傳　　真｜(02) 25632892

總 代 理｜聯合發行股份有限公司
電　　話｜(02)29178022
傳　　真｜(02)29156275

印　　製｜永光彩色印刷股份有限公司
定　　價｜280 元
第一版第一刷　2021 年 05 月

ISBN 978-986-99916-4-3

博思智庫股份有限公司

博思智庫粉絲團　Facebook.com/broadthinktank